U0155132

深圳大学生命与海洋科学学院

深圳大学校园常见植物图鉴

张永夏　余少文　主编

中国林业出版社
China Forestry Publishing House

本书为深圳大学文化创新发展建设项目成果

本书的出版承蒙以下项目与单位的大力支持

深圳大学文化创新发展建设项目

共青团深圳大学委员会国际植物学大会志愿服务专项工作经费

深圳大学生命与海洋科学学院

深圳大学实验室与国有资产管理部

深圳大学现有粤海、沧海、丽湖、罗湖 4 个校区，校园总面积 2.72 平方千米，粤海校区（老校区）被评为全国十大最美校园之一。建校初期粤海校区保留了许多古树名木及品种优良的荔枝树，建校后历届领导非常重视校园绿化及环境建设，不断收集和引种国内外亚热带名贵植物，至今校园内共有植物上千种。

为了适应植物学科的教学、科研、科普以及珍稀植物的保护等需求，自 1993 年起，时任系主任张小云教授开始收集校园植物的资料，1998 年组织学生编纂了内部资料《深圳大学校园植物志》，2002 年经修改补充后正式出版了图文并茂的《深圳大学校园植物》。

随着学校快速发展，校园植物的种类和分布格局发生了很大变化，借学校文化创新发展建设东风，由我院张永夏副教授负责，广大师生踊跃参与，历时 2 年多重新整理修订而成《深圳大学校园常见植物图鉴》，该书虽不能称 " 志 "，但也能作为学校校园植物的户口本和信息库。

该书在前两本《深圳大学校园植物》的基础上增加了部分校园新引种的植物，收录了校园常见植物 180 多种（包括国家重点保护植物 9 种），内容丰富、文字简明扼要、图片清晰，是一本培养学生保护自然、热爱自然的良好意识的好教材。本书展现了深圳大学校园自然景观的多样性，希望能激起读者认识和探索自然的兴趣，同时感受深圳大学之美。

我不是从事植物科学的专家，但也算是一个业余爱好者，乐见本书出版，特为序。

深圳大学生命与海洋科学学院名誉院长

中国科学院院士　倪嘉缵

2020 年 12 月

前言

深圳大学，1983年经国家教育部批准设立。中央、教育部和地方高度重视深圳大学建设，北京大学援建中文、外语类学科，清华大学援建电子、建筑类学科，中国人民大学援建经济、法律类学科，一大批知名学者云集深圳大学。建校伊始，学校在高校管理体制上锐意改革，在奖学金、学分制、勤工俭学等方面进行了积极探索，率先在国内实行毕业生不包分配和双向选择制度，推行教职员工全员聘任制度和后勤部门社会化管理改革，在全国引起强烈反响。

建校以来，深圳大学紧随特区，锐意改革、快速发展。学校秉承“自立、自律、自强”的校训，形成了“特区大学、窗口大学、实验大学”的办学特色，形成了从学士、硕士到博士的完整人才培养体系以及多层次的科学研究和社会服务体系，已经成为一所学科齐全、设施完善、师资优良、管理规范的综合性大学。深圳大学是国家大学生文化素质教育基地、全国文明校园。为实现高等教育内涵式发展，学校制定了《深圳大学文化创新发展纲要》，以高度的文化自觉和文化自信，建设一流的中国特色社会主义特区大学文化。

深圳大学现有粤海、沧海、丽湖、罗湖四个校区，校园总面积2.72平方公里。深圳大学校园环境优美，树木茂盛，鸟语花香，蝶飞蝉鸣，湖光倒影，鱼翔浅底，荔枝树、杧果树、波罗蜜硕果累累。自建校以来深圳大学就非常重视校园环境建设，并结合教学、科研需要，不断收集和引种国内外植物，至今共计植物种类1000多种。本书收录深圳大学常见植物196种（包括栽培品种），其中蕨类植物按秦仁昌（1978年）系统排列，裸子植物按郑万钧（1975年）系统排列，被子植物按APG Ⅳ系统排列。每种植物均列出植物中文名、学名、别名、科名、属名、生态学特征、原产地或分布等。为便于读者进一步查对，书后附有中文名和学名索引。

本书在编写和出版过程中得到了深圳大学团委大力支持，在此表示特别鸣谢！第19届国际植物学大会已于2017年在深圳胜利闭幕，深圳大学团委承接了大会志愿服务工作并选派996名学生志愿者圆满服务大会。为贯彻落实《深圳大学文化创新发展纲要》，进一步推进“志愿者之校”建设，将志愿服务工作结合国家“五位一体”总体布局中的生态文明建设，校团委开展了第19届国际植物学大会志愿服务宣传总结与常态化公益宣传工作并对该书的出版给予了资助。

本书在编写过程中得到了中国科学院倪嘉缵院士的指导，在编写和出版过程中得到了深圳大学生命与海洋科学学院、深圳大学实验室与国有资产管理部等单位的支持，深圳大学生命与海洋科学学院2015、2016级本科生在文稿编辑和资料整理中有贡献，在此向为本书编撰和出版做出贡献的单位和个人表示衷心的感谢！

本书可为景观规划、设计、施工人员及从事园林苗木引种、驯化、生产等工作的人员提供指引，也可为植物学、林学工作者、高等院校师生及中、小学生、自然爱好者提供参考。由于水平所限、时间紧迫，疏漏及错误之处在所难免，恳请各位专家、朋友和读者提出宝贵意见。

编者

2020年12月18日

目录

蕨类植物

Pteridophyta

蚌壳蕨科 Dicksoniaceae

树形蕨类，主干有复杂的网状中柱，密被垫状长柔毛茸，顶端生出冠状叶丛。叶有粗健的长柄；叶片大型，三至四回羽状复叶；叶脉分离，孢子囊顶生于叶脉顶端，囊盖成自内外两瓣，形如蚌壳。孢子囊梨形，孢子四面形，不具周壁。

金毛狗蕨

Cibotium barometz (L.) J. Sm.

别名：**黄毛狗、猴毛头**

科属：**蚌壳蕨科金毛狗属**

性状：植株高 1~3 米，根状茎横卧、粗大，端部上翘，地上部分密被金黄色长茸毛。叶簇生于茎顶端，叶片大，广卵状三角形，叶两面光滑，或者小羽轴上略有褐色短毛；幼叶刚长出时呈拳状，密被金色茸毛。孢子囊群生裂片上分叉小脉的顶端，囊群盖两瓣，形如蚌壳。

分布：生长在粤海校区杜鹃山上。我国华东、华南、华中、西南地区有分布。东南亚各国也有分布。

用途：可作观赏植物；入药可治腰痛、风湿病等症；富含淀粉，亦可食用和酿酒。

桫椤科 Cyatheaceae

陆生蕨类植物，通常为树状，乔木状或灌木状，茎粗壮，圆柱形。叶大型，多数，簇生于茎干顶端，成对称的树冠；叶柄宿存或早落，两侧具有淡白色气囊体，条纹状；叶片通常为二至三回羽状，或四回羽状。孢子囊群圆形，生于小脉背上；孢子囊卵形，具有一个完整而斜生的环带。孢子四面体形，辐射对称。

桫椤

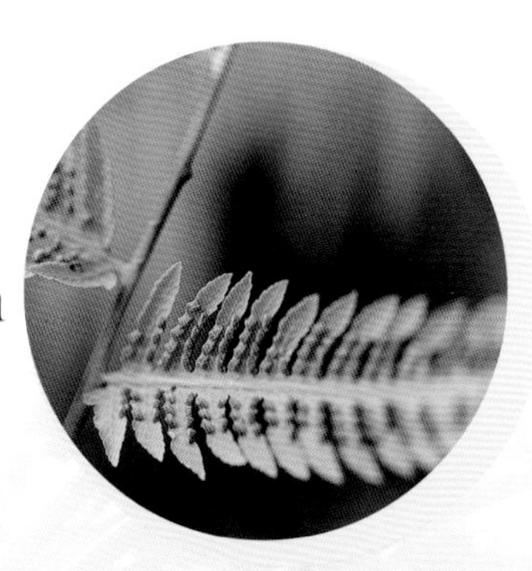

Alsophila spinulosa (Wall. ex Hook.) R. M. Tryon

别名：**树蕨、蛇木**

科属：**桫椤科桫椤属**

性状：大型乔木状，高可达 10 米，树干呈圆形，不分枝。叶顶生；叶柄及叶轴为深棕色，被有密刺。叶片大，三回羽状深裂，呈凤尾形。

分布：生长在粤海校区杜鹃山上。我国华东、华南、西南地区有分布。亚洲多国有分布。

用途：园艺观赏价值极高。

拓展介绍：

- 国家Ⅱ级重点保护野生植物，具科研价值，有“活化石”之称。

乌毛蕨科 Blechnaceae

土生蕨类。根状茎横走或直立，有时形成树干状的直立主轴，有网状中柱，被具细密筛孔的全缘、红棕色鳞片。叶一型或二型，有柄，叶柄内有多条维管束；叶片一至二回羽裂。孢子囊群椭圆形，着生于与主脉平行的小脉上或网眼外侧的小脉上，均靠近主脉；囊群盖同形，开向主脉，很少无盖。孢子椭圆形，两侧对称，单裂缝，具周壁，常形成褶皱。

苏铁蕨

Brainea insignis (Hook.) J. Sm.

科属：**乌毛蕨科苏铁蕨属**

性状：植株高达 1.5 米。主轴直立或斜上，单一或有时分叉，黑褐色，木质，坚实。叶簇生于主轴的顶部，略呈二型；叶片椭圆披针形，羽片对生或互生，线状披针形至狭披针形，叶脉两面均明显；叶革质，干后叶面灰绿色或棕绿色，光滑，叶背棕色，光滑或于下部（特别在主脉下部）有少数棕色披针形小鳞片。

分布：我国华南、华东、西南地区和台湾均有分布。广布于从印度经东南亚至菲律宾的亚洲热带地区。

用途：观赏植物。

肾蕨科 Nephrolepidaceae

中型草本，土生或附生，少有攀缘。根状茎长被鳞片，具管状或网状中柱。叶一形；叶片长而狭，一回羽状，羽片多数，基部不对称。叶脉分离，小脉先端具明显的水囊。孢子囊群表面生，单一，圆形，顶生于每组叶脉的上侧一小脉，或背生于小脉中部；囊群盖圆以缺刻着生，向外开；孢子两侧对称，椭圆形或肾形。

肾蕨

Nephrolepis cordifolia (L.) C. Presl

别名：**圆羊齿、篦子草、凤凰蛋**

科属：**肾蕨科肾蕨属**

性状：附生或土生。根状茎被蓬松的淡棕色长钻形鳞片；下有匍匐茎，上有块茎。叶簇生，暗褐色；一回羽状，羽状多数，互生，披针形，几乎无柄，以关节着生于叶轴，叶轴两侧被鳞片。叶脉明显，顶端具纺锤形水囊。孢子囊群肾形，位于主脉两侧；囊群盖肾形，褐棕色，无毛。

分布：我国华东、华南、华中、西南、西北地区均有分布。广布于热带和亚热带地区。

用途：为世界各地普遍栽培的观赏蕨类；块茎富含淀粉，可食；全草和块茎可入药，主治清热利湿，宁肺止咳，软坚消积。

扩展介绍：

- 花语：殷实的朋友。

裸子植物

Gymnospermae

苏铁科 Cycadaceae

常绿木本植物，树干粗壮，圆柱形，或成块茎状，髓部大。叶螺旋状排列，有鳞叶及营养叶，二者相互成环着生。雌雄异株，雄球花单生于树干顶端，小孢子叶扁平鳞状或盾状，螺旋状排列，其下面生有多数小孢子囊；大孢子叶扁平，胚珠 2~10 枚，生于大孢子叶柄的两侧；胚珠 2 枚，生于大孢子叶的两侧。种子核果状，具三层种皮，胚乳丰富。

苏铁

Cycas revoluta Thunb.

别名：**铁树、辟火蕉、凤尾蕉**

科属：**苏铁科苏铁属**

性状：树干高约 2 米。羽状叶，轮廓呈倒卵状狭披针形。雄球花圆柱形，有短梗；花药通常 3 个聚生。种子红褐色或橘红色，倒卵圆形或卵圆形，稍扁，密生灰黄色短绒毛，后渐脱落，中种皮木质，两侧有两条棱脊，上端无棱脊或棱脊不显著，顶端有尖头。花期：6~7 月；种子：10 月成熟。

分布：生长在粤海校区时光广场与天人广场。我国华北、华东、华南、西南地区均有栽培。日本南部、菲律宾和印度尼西亚也有分布。

用途：观赏植物。

扩展介绍：

- 国家Ⅰ级重点保护野生植物。
- 花语：坚贞不屈，坚定不移，长寿富贵，吉祥如意。
- 因其木质密度大，入水即沉，沉重如铁而得名。苏铁叶为羽毛状，向四周伸展，如“孔雀开屏”；苏铁种子大小如鸽卵，圆环形簇生于树顶，如“孔雀抱蛋”。

银杏科 Ginkgoaceae

落叶乔木，树干高大，枝分长枝与短枝。叶扇形，有长柄，具多数叉状细脉。球花单性，雌雄异株，生于短枝顶部的鳞片状叶腋内，呈簇生状；雄球花具梗，柔荑花序，雄蕊多数，螺旋状着生，排列较疏，具短梗，花药2；雌球花具长梗，梗端常分2叉，各具1枚直立胚珠。种子核果状，具长梗，下垂，外种皮肉质，中种皮骨质，内种皮膜质，胚乳丰富；子叶常2枚，发芽时不出土。

银杏

Ginkgo biloba L.

别名：**白果树**

科属：**银杏科银杏属**

性状：落叶大乔木，高达40米。树皮灰褐色，深纵裂；枝有长枝与短枝；1年生枝条淡褐黄色，2年生以上枝条灰色，短枝黑灰色。叶扇形，簇生于短枝，螺旋状散生于长枝。花雌雄异株，球花生于短枝的叶腋或苞腋，淡黄色；雌球花数个生于短枝叶丛中，淡绿色。果近球形，被白粉。种子核果状，椭圆形至近球形，外种皮肉质，有白粉，淡黄色或橙色，中种皮骨质，白色；内种皮膜质，胚乳丰富。

用途：树形优美，叶形奇特而古雅，可作庭园树及行道树；珍贵的用材树种；种子供食用及药用。

拓展介绍：

- 国家Ⅰ级重点保护野生植物。

南洋杉科 Araucariaceae

常绿乔木，髓部较大，皮层具树脂。叶螺旋状着生或交叉对生，基部下延生长。球花单性；雄球花圆柱形；雌球花单生枝顶，由多数螺旋状着生的苞鳞组成；苞鳞木质或厚革质，扁平，熟时苞鳞脱落，发育的苞鳞具1粒种子；种子与苞鳞离生或合生，扁平，无翅或两侧具翅，或顶端具翅。

异叶南洋杉

Araucaria heterophylla (Salisb.) Franco

别名：**澳洲杉、诺福克南洋杉、细叶南洋杉**

科属：**南洋杉科南洋杉属**

性状：常绿乔木，高可达数十米。树皮暗灰色，裂成薄片状脱落；树冠塔形，侧枝常成羽状排列。叶二型，生于幼树及侧生小枝的叶排列疏松，向上弯曲，通常两侧扁；生于大树及花果枝上的叶排列较密，宽卵形或三角状卵形。雄球花圆柱形，单生于枝顶。球果近圆球形，种子椭圆形。

分布：生长在粤海校区时光广场。原产大洋洲诺和克岛。我国华东、华南、华北、西北地区有栽培。

用途：宜植盆栽、地栽，为优良的庭园观赏植物。

松科 Pinaceae

常绿或落叶乔木，稀为灌木状。叶条形或针形；条形叶扁平，在长枝上螺旋状散生，在短枝上呈簇生状；针形叶成一束，着生于极度退化的短枝顶端。花单性，雌雄同株；球果直立或下垂，熟时张开；种鳞背腹面扁平；种子通常上端具一膜质之翅，稀无翅或几无翅。

马尾松

Pinus massoniana Lamb.

别名：**青松、山松、枞松**

科属：**松科松属**

性状：乔木，高达45米；树皮红褐色，下部灰褐色，裂成不规则的鳞状裂片。针叶两针一束，边缘具细锯齿，两面具气孔线。雄球花淡红褐色，为穗状花序，聚生于新枝苞腋；雌球花淡紫红色，单生或聚生于新枝近顶端。球果卵圆形，成熟前绿色，熟时栗褐色；种子长卵圆形。

分布：生长在粤海校区实验餐厅附近。分布于我国华东、华南、华北、华中、西南、西北地区。

用途：供建筑、家具及木纤维工业原料等用；树干可割取松脂，为医药、化工原料。

黑松

Pinus thunbergii Parl.

别名：日本黑松

科属：松科松属

性状：乔木，高达 30 米。枝条开展，树冠宽圆锥状或伞形。针叶深绿色，有光泽，粗硬，边缘有细锯齿。雄球花聚生于新枝下部，淡红褐色，圆柱形；雌球花单生或 2~3 个聚生于新枝近顶端，直立，有梗，卵圆形，淡紫红色或淡褐红色。球果成熟前绿色，熟时褐色，圆锥状卵圆形或卵圆形，有短梗，向下弯垂；中部种鳞卵状椭圆形，鳞盾微肥厚，横脊显著，鳞脐微凹，有短刺；种子倒卵状椭圆形，种翅灰褐色，有深色条纹。花期：4~5 月；种子：翌年 10 月成熟。

分布：生长在粤海校区汇元楼前，为腾讯集团四位创始人：马化腾、张志东、陈一丹和许晨晔（深圳大学校友）于 2010 年 7 月种植的纪念树。我国华东、华中等地引种栽培。原产日本及朝鲜南部海岸地区。

用途：观赏植物。

大学
NIVERSITY

杉科 Taxodiaceae

常绿或落叶乔木，大枝轮生或近轮生。叶螺旋状排列，稀交叉对生。球花单性，雌雄同株，球花的雄蕊和珠鳞均螺旋状着生，稀交叉对生；雄球花小，单生或簇生枝顶或叶腋；雌球花顶生或生于去年生枝近枝顶，珠鳞与苞鳞半合生或完全合生。球果当年成熟，熟时张开；种子周围或两侧有窄翅，或下部具长翅；胚有子叶 2~9 枚。

水杉

Metasequoia glyptostroboides Hu et Cheng

别名：**梳子杉**

科属：**杉科水杉属**

性状：落叶乔木，高达 35 米。树干基部通常膨大；枝叶稀疏，枝斜展，小枝下垂；侧生小枝排成羽状，冬季凋落。叶条形，二列生于侧生小枝上，羽状，两条淡黄色气孔带沿中脉分布。球果下垂，熟时深褐色，其上有条形叶；种鳞木质盾形，鳞顶扁菱形，中央有一条横槽；种子扁平，倒卵形，周围有翅。花期：2 月下旬，球果 11 月成熟。

分布：我国特有，原产湖北、重庆、湖南 3 省（市）交界的利川、石柱、龙山 3 县的局部地区。目前我国多地区有引种栽培。

用途：木材可供房屋建筑、板料、电杆、家具及木纤维工业原料等用；生长快，可作造林树种及四旁绿化树种；树姿优美，为著名的庭园树种。

Taxodium distichum (L.) Rich.

别名：**落羽松**

科属：**杉科落羽杉属**

性状：落叶乔木，高达 50 米。树干基部通常膨大，常有呼吸根，呈屈膝状；树皮棕色，裂成长条片脱落。叶条形，扁平，在小枝上排成二列，基部扭转，羽状，先端尖，淡绿色，凋落前变成暗红褐色。雄球花总状花序状或圆锥花序状，排列在小枝顶端。球果球形，熟时淡褐黄色，种子有锐棱，褐色，为不规则三角形。果期：10 月。

分布：粤海校区下文山湖岸边和丽湖校区洗星湾岸边有栽培。原产北美东南部。我国华东、华南、华中地区有栽培。

用途：可作建筑、电杆、家具、造船等用；可作庭园、行道树；为古老的“孑遗植物”，具科研价值。

柏科 Cupressaceae

常绿乔木或灌木。叶交叉对生或轮生，稀螺旋状着生，鳞形或刺形，或同一树本兼有两型叶。球花单性，雌雄同株或异株，单生枝顶或叶腋；雄球花具交叉对生的雄蕊，花粉无气囊；雌球花有交叉对生或轮生的珠鳞，苞鳞与珠鳞完全合生。球果圆球形、卵圆形或圆柱形；种子周围具窄翅或无翅，或上端有一长一短之翅。

侧柏

Platycladus orientalis (L.) Franco

别名：**黄柏、香柏、扁柏、扁桧、香树、香柯树**

科属：**柏科侧柏属**

性状：常绿乔木，高达 20 余米。小枝中央的叶部分呈倒卵状菱形，两侧的叶船形，其尖头下方具腺点。雄球花黄色，卵圆形；雌球花近球形，蓝绿色，被白粉。球果近卵圆形，蓝绿色，被白粉，成熟前近肉质，成熟后木质，红褐色，开裂。种子卵圆形，灰褐色或偏紫色，无翅或翅极窄。

分布：生长于粤海校区文山湖附近。我国华东、华南、华北、华中、东北、西南、西北地区均有栽培。亚洲地区有分布。

用途：木材可作建筑、器具、家具、农具及文具等用材；种子与生鳞叶的小枝入药；常栽培作庭园树。

罗汉松科 Podocarpaceae

常绿乔木或灌木。叶多型，螺旋状散生、近对生或交叉对生。球花单性，雌雄异株，稀同株；雄球花穗状，单生或簇生叶腋，或生枝顶，雄蕊螺旋状排列，花粉有气囊，稀无气囊；雌球花单生叶腋或苞腋，或生枝顶，稀穗状。种子核果状或坚果状，子叶 2 枚。

竹柏

Nageia nagi (Thunb.) Kuntze

别名：**罗汉柴、椤树、山杉**

科属：**罗汉松科竹柏属**

性状：乔木，高达 20 米；树皮近于平滑，红褐色或偏暗紫色，成小块薄片脱落。叶对生，革质。雄球花穗状，圆柱形，基部有少数三角状苞片；雌球花单生于叶腋，基部有数枚苞片。种子圆球形，成熟时假种皮暗紫色，被白粉。花期：3~4 月；种子：10 月成熟。

分布：生长于粤海校区友谊林。分布于我国华东、华南、华中、西南地区。亚洲地区有分布。

用途：为优良的建筑、造船、家具、器具及工艺用材；种仁油供食用及工业用油。

罗汉松

Podocarpus macrophyllus (Thunb.) Sweet

别名：**罗汉杉、土杉**

科属：**罗汉松科罗汉松属**

性状：乔木，高达 20 米。叶条状披针形，螺旋状着生，微弯，先端尖，下面偏白色。雄球花穗状，腋生，数枚三角状苞片着生于基部；雌球花单生于叶腋，有梗，其基部有少数苞片。种子卵圆形，熟时肉质假种皮紫黑色，被白粉，种托肉质，圆柱形，红色或偏紫色。

分布：分布于我国华东、华南、华中、西南地区。亚洲地区有分布。

用途：观赏；材质细致均匀，可作家具、器具等用材。

扩展介绍：

● 身是菩提树，已非凡草木。——曾熜《罗汉松》

● 粤海校区花圃等地种植的罗汉松，为江苏红豆集团总裁周海江、正中投资集团创办人邓学勤、深圳富通房地产集团有限公司创办人陈治海、深圳创益科技发展有限公司创办人李毅、上海巨人网络科技创办人史玉柱、深圳海岸集团现任董事长李奕标、北京永一格展览展示公司创办人吕志道、深圳市益田集团股份有限公司创办人吴群力等校友于 2010 年 6 月种植的纪念树。

红豆杉科 Taxaceae

常绿乔木或灌木。叶条形或披针形，螺旋状排列或交叉对生，叶背沿中脉两侧各有 1 条气孔带。球花单性，雌雄异株，稀同株；雄球花单生叶腋或苞腋，或组成穗状花序集生于枝顶，雄蕊多数；雌球花单生或成对生于叶腋或苞片腋部。种子核果状；胚乳丰富；子叶 2 枚。

南方红豆杉

Taxus wallichiana var. *mairei* L. K. Fu et N. L.

别名：**卷柏、扁柏、红豆树、观音杉**

科属：**红豆杉科红豆杉属**

性状：乔木，高达 30 米；树皮褐色，裂成条片脱落。叶排列成两列，条形，微弯或较直。雄球花淡黄色，雄蕊 8~14 枚，花药 4~8（多为 5~6）。种子生于杯状红色肉质的假种皮中，间或生于近膜质盘状的种托（即未发育成肉质假种皮的珠托）之上，常呈卵圆形，上部渐窄，稀倒卵状，微扁或圆，上部常具二钝棱脊，稀上部三角状具三条钝脊，先端有凸起的短钝尖头，种脐近圆形或宽椭圆形，稀三角状圆形。

分布：生长在粤海校区杜鹃山，为校友江苏红豆集团总裁周海江捐赠。为我国特有树种，产华西、华中、华东和华南等地。

用途：可作建筑、车辆、家具及文具等用材；是天然珍稀抗癌植物。

拓展介绍：

- 国家Ⅰ级重点保护野生植物，被称为“植物大熊猫”， 第四纪冰川遗留下来的古老树种，在地球上已有 250 万年的历史，是世界上公认的濒临灭绝的天然珍稀抗癌植物。
- 花语：高傲、高雅、思念、相思。

被子植物

Angiospermae

睡莲科 Nymphaeaceae

多年生，少数一年生，水生或沼泽生草本；根状茎沉水生。叶常二型：漂浮叶或出水叶互生，芽时内卷；沉水叶细弱，有时细裂。花两性，辐射对称，单生在花梗顶端；萼片 3~12，绿色，花瓣状；花瓣 3 至多数；心皮 3 至多数。坚果或浆果；种子有或无假种皮，有或无胚乳，胚有肉质子叶。

莲

Nelumbo nucifera Gaertn.

别名：**莲花、芙蕖、芙蓉、菡萏**

科属：**睡莲科莲属**

性状：多年生水生草本。根状茎横生，肥厚，节间膨大，内有多数纵行通气孔道，节部缢缩，上生黑色鳞叶，下生须状不定根。叶圆形，盾状，全缘稍呈波状；叶柄散生小刺。花美丽，芳香；花瓣红色、粉红色或白色，矩圆状椭圆形至倒卵形，由外向内渐小，有时变成雄蕊，先端圆钝或微尖。坚果椭圆形或卵形，果皮革质，坚硬，熟时黑褐色；种子（莲子）卵形或椭圆形。花期：6~8 月；果期：8~10 月。

分布：生长于粤海校区文山湖。产于我国南北各地。东亚、东南亚、俄罗斯和大洋洲均有分布。

用途：根状茎作蔬菜或提制淀粉；种子供食用、药用。

柔毛齿叶睡莲

Nymphaea lotus var. *pubescens* (Willd.) HK. F. et Thoms.

别名：**莲花、芙蕖、芙蓉、菡萏**

科属：**睡莲科睡莲属**

性状：多年水生草本。具匍匐根状茎，肥厚。叶纸质，卵状圆形，基部具深弯缺，裂片圆钝，叶背带红色密生柔毛或近无毛。花瓣白色、红色或粉红色，矩圆形。外轮花瓣状，内轮不孕。浆果为向下凹的卵形；种子球形，两端较尖，中部有条纹，具假种皮。花期：8~10 月；果期：9~11 月。

分布：生长于粤海校区文山湖。我国华东、西南地区。亚洲地区有分布。

用途：观赏；根状茎可食用或酿酒，可入药；全草可作绿肥。

木兰科 Magnoliaceae

木本；叶互生、簇生或近轮生，单叶不分裂，罕分裂。花顶生、腋生、罕成为 2~3 朵的聚伞花序。花被片通常花瓣状；雄蕊多数，子房上位，心皮多数，离生，罕合生，虫媒传粉，胚珠着生于腹缝线，胚小、胚乳丰富。

荷花玉兰

Magnolia grandiflora L.

别名：**洋玉兰、广玉兰**

科属：**木兰科木兰属**

性状：常绿乔木，高达 30 米。树皮淡褐色，开裂成薄鳞片状。叶椭圆形或倒卵状椭圆形，叶面深绿色，有光泽。花白色，有芳香气味。聚合果柱状长圆形，密被褐色或淡灰黄色绒毛；蓇葖背裂，顶端外侧有长喙；种子近卵圆形，外种皮红色。花期：5~6 月；果期：9~10 月。

分布：生长于粤海校区教工区。原产北美洲东南部。我国华东、华南、华北、西南地区有栽培。

用途：为美丽的庭园绿化观赏树种；木材可供装饰材用；叶、幼枝和花可提取芳香油；花制浸膏用；叶入药治高血压；种子可榨油。

扩展介绍：

- 荷花玉兰是江苏省常州市和镇江市、安徽省合肥市的市树。

白兰

Michelia alba Candolle

别名：**白兰花、白玉兰**

科属：**木兰科含笑属**

性状：常绿乔木，高达17米。树冠呈阔伞形；树皮灰色；枝叶有芳香。叶薄革质，长椭圆形或披针状椭圆形，叶面无毛，叶背疏生微柔毛；托叶痕几乎到达叶柄中部。花白色，极香。蓇葖疏生的聚合果；蓇葖熟时鲜红色。花期：4~9月；通常不结实。

分布：生长于粤海校区天人广场和丽湖校区A6办公楼旁边。原产印度尼西亚爪哇岛，现广泛种植于亚洲地区。我国华东、华南、西南地区有栽培。

用途：著名的庭园观赏树种；花可提取香精或薰茶，也可提制浸膏供药用；鲜叶可提取精油，称“白兰叶油”，可供调配香精；根皮入药。

含笑花

Michelia figo (Lour.) Spreng.

科属：**木兰科含笑属**

性状：常绿灌木，高 2~3 米，树皮灰褐色。叶革质，倒卵状椭圆形，叶面有光泽，无毛，叶背褐色平伏毛生于中脉。花直立，常呈淡黄色，具有甜而浓密的芳香，花被片肉质，较肥厚，长椭圆形。聚合果；蓇葖卵圆形，顶端有短尖的喙。花期：3~5 月；果期：7~8 月。

分布：生长于粤海校区天人广场。原产我国华南南部各地，现广植于全国各地。

用途：本种除供观赏外，花有水果甜香，花瓣可拌入茶叶制成花茶，亦可提取芳香油和供药用。

扩展介绍：

- 本种花开放时含蕾不尽开，故称“含笑花”。

番荔枝科 Annonaceae

乔木，灌木或攀缘灌木。叶为单叶互生，全缘；羽状脉；有叶柄；无托叶。花通常两性，少数单性，单生；下位花；萼片3，离生或基部合生；花瓣6片，2轮；雄蕊多数，螺旋状着生；心皮离生，少数合生。成熟心皮离生，少数合生成一肉质聚合浆果，果通常不开裂，少数呈蓇葖状开裂；种子通常有假种皮。

假鹰爪

Desmos chinensis Lour.

别名：**酒饼叶、山指甲、狗牙花**

科属：**番荔枝科假鹰爪属**

性状：直立或攀缘灌木。枝皮粗糙，有纵条纹和灰白色凸起的皮孔。叶片长圆形或椭圆形，叶面有光泽，叶背为粉绿色。花黄白色，单朵与叶互生或对生；外轮花瓣比内轮花瓣大，萼片卵圆形。果有柄，念珠状，种子球状。花期：夏至冬季；果期：6月至翌年春季。

分布：生长于粤海校区杜鹃山上。分布于我国华南和西南地区。亚洲地区广泛分布。

用途：根、叶可药用；茎皮纤维可作人造棉和造纸原料；海南民间有用其叶制酒饼，故有“酒饼叶”之称。

樟科 Lauraceae

常绿或落叶，乔木或灌木。树皮通常曲芳香。叶互生、对生、近对生或轮生，具柄，通常革质，全缘，极少有分裂，常有多数含芳香油或黏液的细胞，羽状脉。花两性或由于败育而成单性，雌雄同株或异株，辐射对称。花被筒辐状，漏斗形或坛形。雄蕊周位或上位柱。果为浆果或核果，外果皮肉质、薄或厚。种子无胚乳，有薄的种皮。

阴香

Cinnamomum burmannii (C. G. et Th. Nees) Bl.

别名：**桂树、山肉桂、香胶叶**

科属：**樟科樟属**

性状：乔木，高达14米。叶互生或近对生，叶背粉绿色。花绿白色，花梗纤细，被灰白微柔毛。圆锥花序，腋生或近顶生，比叶短，花少，疏散，密被灰白微柔毛，最末分枝为聚伞花序。花期：秋、冬季；果期：冬末及春季。

分布：生长于粤海校区紫藤轩附近路边。我国华东、华南、西南地区有分布。在亚洲地区广泛分布。

用途：果核含脂肪，可榨油供工业用；叶可作芳香植物原料，亦可入药；园林作绿化树、行道树。

樟

Cinnamomum camphora (L.) Presl.

别名：**香樟、香树**

科属：**樟科樟属**

性状：乔木，高达 16 米。叶互生，叶面光亮，幼时被极细的微柔毛，老时变无毛；叶背苍白。圆锥花序腋生或侧生于幼枝上，花绿白色，花梗丝状，被微柔毛。花被筒倒锥形，外面几乎无毛。果球形，绿色，无毛。花期：5~6 月；果期：7~8 月。

分布：校内常见栽培。我国华中、西南地区有分布。

用途：可提取樟脑和樟脑油，供医药香料和工业用；种子供工业用油；根、果、枝、叶入药，可祛风、行气、温中、镇痛；木材为造船、橱箱、建筑等用材；常用作行道树和绿荫树。

潺槁木姜子

Litsea glutinosa (Lour.) C. B. Rob.

别名：**油槁树、胶樟、青野槁**

科属：**樟科木姜子属**

性状：常绿乔木，高可达15米。叶互生，倒卵形或椭圆状披针形，先端钝或圆，基部楔形，革质。伞形花序腋生，均被灰黄色绒毛；每一花序有花数朵；花梗被灰黄色绒毛。果球形，先端略增大。花期：5~6月；果期：9~10月。

分布：生长于粤海校区友谊林、杜鹃山等地。我国华东、华南、西南地区有分布。亚洲地区广泛分布。

用途：木材可作家具用材；树皮和木材含胶质，可作黏合剂；种仁含油量高，供制皂及作硬化油；根皮和叶，民间入药。

天南星科 Araceae

草本植物，具块茎或伸长的根茎；稀为攀缘灌木或附生藤本，富含苦味水汁或乳汁。叶通常基生，如茎生则为互生，二列或螺旋状排列。花小或微小，常极臭，排列为肉穗花序；花序外面有佛焰苞包围。花两性或单性。果为浆果，极稀紧密结合而为聚合果。种子圆形、椭圆形、肾形或伸长，外种皮肉质，胚乳厚。分布于热带和亚热带。

海芋

Alocasia odora (Roxburgh) K. Koch

别名：**羞天草、隔河仙、天荷**

科属：**天南星科海芋属**

性状：大型常绿草本植物，具匍匐根茎。叶多数，叶片亚革质，草绿色，箭状卵形，边缘波状。佛焰苞管部绿色，卵形；檐部蕾时绿色，花时黄绿色、绿白色，凋萎时变黄色、白色。肉穗花序芳香，雌花序白色，不育雄花序绿白色，能育雄花序淡黄色；附属器淡绿色至乳黄色，圆锥状。浆果红色，卵状。

分布：生长于校园荔枝林下。我国华东、华南、华中、西南地区有分布。

用途：根茎可入药；兽医用以治牛伤风、猪丹毒；根茎富含淀粉，可作工业上代用品，但不能食用。

春羽

Philodendron selloum K. Koch

别名：**春芋**

科属：**天南星科喜林芋属**

性状：草本。茎粗壮直立，茎上有明显叶痕及电线状的气根。叶从茎的顶部向四面伸展，排列紧密、整齐，呈丛生状，卵状心脏形，全叶羽状深裂，革质。实生幼年期的叶片较薄，呈三角形，随生长发生之叶片逐渐变大，羽裂缺刻愈多且愈深。

分布：原产巴西、巴拉圭等地。我国华南地区有栽培。

用途：叶片巨大，株形优美，极具观赏价值。

扩展介绍：

- 花语：友谊。

露兜树科 Pandanaceae

草本植物，具块茎或伸长的根茎；稀为攀缘灌木或附生藤本，富含苦味水汁或乳汁。叶通常基生，如茎生则为互生，二列或螺旋状排列。花小或微小，常极臭，排列为肉穗花序；花序外面有佛焰苞包围。花两性或单性。果为浆果，极稀紧密结合而为聚合果。种子圆形、椭圆形、肾形或伸长，外种皮肉质，胚乳厚。分布于热带和亚热带。

红刺露兜树

Pandanus utilis Bory.

别名：**红刺林投、红章鱼树、红林投**

科属：**露兜树科露兜树属**

性状：常绿灌木或小乔木状。干分枝少，具轮状叶痕，主干下部生有粗大且直立的气根。叶深绿色，硬革质，丛生于顶端，叶呈螺旋状着生，剑状长披针形。雌雄异株，雌花顶生，穗状花序，无花被，白色佛焰苞；雄花呈穗形状着生，花药线形与花丝等长。聚合果球形、下垂；成熟时黄色。花期：7月；果期：冬季。

分布：粤海校区文山湖旁和丽湖校区体育馆周边有栽培。原产马达加斯加。我国华南地区有分布。

用途：叶可制帽、编篮；果实是养蜂人家整理蜂房熏蜂的最好材料；观叶植物。

扩展介绍：

● 红刺露兜树在主干基部有粗大且直立的支持根，远望酷似章鱼的脚，因此有红章鱼树的别名。种子被称作滴血莲花菩提。

百合科 Liliaceae

通常为具根状茎、块茎或鳞茎的多年生草本，很少为亚灌木、灌木或乔木状。叶基生或茎生，后者多为互生，较少为对生或轮生，通常具弧形平行脉，极少具网状脉。花两性，很少为单性异株或杂性。果实为蒴果或浆果，较少为坚果。种子具丰富的胚乳，胚小。广布于全世界，特别是温带和亚热带地区。

天门冬

Asparagus cochinchinensis (Lour.) Merr.

别名：**三百棒、丝冬**

科属：**百合科天门冬属**

性状：攀缘植物，长可达 1~2 米。根在中部或近末端成纺锤状膨大。茎平滑，常弯曲或扭曲，分枝具棱或狭翅。叶状枝通常扁平或由于中脉龙骨状而略呈锐三棱形，稍镰刀状；茎上的鳞片状叶基部延伸为硬刺，在分枝上的刺较短或不明显。花淡绿色；花梗关节一般位于中部，有时位置有变化；雄花：花丝不贴生于花被片上；雌花大小和雄花相似。浆果熟时红色，有种子。花期：5~6 月；果期：8~10 月。

分布：生长于粤海校区友谊林等地。我国华东、华南、华中、华北、西南和西北地区均有分布。亚洲多国有分布。

用途：块根是常用的中药，有滋阴润燥、清火止咳之效。

山菅

Dianella ensifolia (L.)Redouté

别名：**山交剪、老鼠砒、山菅兰**

科属：**百合科山菅兰属**

性状：多年生草本，株高可达 1~2 米。根状茎圆柱状，粗壮。叶狭条状披针形，基部稍收狭成鞘状，套叠或抱茎，边缘和叶背中脉具锯齿。顶端圆锥花序分枝疏散；花常多朵生于侧枝上端；花梗常稍弯曲，苞片小；花被片条状披针形，绿白色、淡黄色至青紫色；花药条形。浆果近球形，深蓝色。花果期：3~8 月。

分布：我国华南、华东、西南地区有分布。亦分布于亚洲热带地区至非洲。

用途：有毒植物；根状茎磨干粉，调醋外敷，有拔毒消肿之效。

兰科 Orchidaceae

地生、附生或腐生草本。叶基生或茎生。花葶或花序顶生或侧生；花常排列成总状花序或圆锥花序，两性，通常两侧对称；花被片 6，2 轮；子房下位，1 室，侧膜胎座；果实通常为蒴果，具极多种子。种子细小，无胚乳，种皮常在两端延长成翅状。

大花蕙兰

Cymbidium hybridum Hort.

科属：**兰科兰属**

性状：大型附生草本。假鳞茎卵球形或椭圆形。叶数片，自假鳞茎基部生出，绿色，带状。总状花序有十余朵或数十朵花，花色丰富；萼片与花瓣同色。花期：冬、春季。

分布：我国各地多有栽培。

用途：著名观赏植物。

蝴蝶兰

Phalaenopsis hybrida Hort.

别名：蝶兰、台湾蝴蝶兰

科属：兰科蝴蝶兰属

性状：茎短，常包被叶鞘。叶片稍肉质，叶面绿色，叶背紫色，椭圆形，长圆形或镰刀状长圆形，先端锐尖或钝，基部楔形或有时歪斜，具短而宽的鞘。花序侧生于茎的基部，常具数朵由基部向顶端逐朵开放的花；花白色，美丽，花期长；中萼片近椭圆形，侧萼片歪卵形；花瓣菱状圆形，先端圆形，基部收狭呈短爪。花期：4~6 月。

用途：观赏花卉。

扩展介绍：

- 花语：我爱你，象征着高洁、清雅。

鸢尾科 Iridaceae

多年生草本。地下部分通常具根状茎、球茎或鳞茎。叶多基生，条形、剑形或为丝状，基部成鞘状，具平行脉。花两性，色泽鲜艳美丽，辐射对称。花被裂片 6，两轮排列；雄蕊 3；花柱 1，柱头 3~6，子房下位，3 室，中轴胎座，胚珠多数。种子多数，半圆形或为不规则的多面体。

巴西鸢尾

Neomarica gracilis (Herb.)Sprague

别名：**蝶兰、台湾蝴蝶兰**

科属：**鸢尾科巴西鸢尾属**

性状：多年生草本，高 30~40 厘米。叶条状剑形，绿色。花茎扁平与叶极相似，花从花茎先端开出，白色，花后能从花鞘中长出小苗。花期：4~9 月。

分布：我国华南地区常见栽培。

用途：宜植盆栽、庭院花坛缘栽，为优良的观赏植物。

石蒜科 Amaryllidaceae

多年生草本。具鳞茎、根状茎或块茎。叶多数基生，线形，全缘或有刺状锯齿。花单生或排列成伞形花序、总状花序，通常具佛焰苞状总苞；花两性，辐射对称或为左右对称；花被片6，2轮；雄蕊通常6；子房下位，3室。蒴果多数背裂或不整齐开裂；种子含有胚乳。

君子兰

Clivia nobilis Lindl.

别名：**垂笑君子兰**
科属：**石蒜科君子兰属**

性状：多年生草本。茎基部宿存的叶基呈鳞茎状。基生叶约有十几枚，质厚，深绿色光泽，带状，边缘粗糙。伞形花序顶生，多花，花茎由叶丛中抽出，稍短于叶；花被狭漏斗形，橘红色；花柱长，稍伸出花被外。花期：夏季。

用途：常盆栽观赏。

拓展介绍：

- 花语：君子谦谦，温和有礼，有才而不骄，得志而不傲，居于谷而不卑。
- 长春市的市花。

中国文殊兰

Crinum asiaticum L. var. *sinicum* (Roxb. ex Herb.) Baker

别名：**罗裙带、水蕉、朱兰叶**

科属：**石蒜科文殊兰属**

性状：多年生粗壮草本。鳞茎长柱形。叶多列，带状披针形顶端渐尖，具急尖的尖头，边缘波状，暗绿色。花茎直立，几与叶等长，伞形花序有花，佛焰苞状总苞片披针形，膜质，小苞片狭线形；花高脚碟状，芳香；花被管纤细，伸直，绿白色，花被裂片线形，向顶端渐狭，白色；雄蕊淡红色，花药线形，顶端渐尖；子房纺锤形。蒴果近球形。花期：夏季。

分布：生长于粤海校区文山湖旁。我国华东和华南地区有分布。

用途：花、叶有较高的观赏价值；叶与鳞茎药用，有活血散瘀、消肿止痛之效。

朱顶红

Hippeastrum rutilum (Ker-Gawl.)Herb.

别名：**华胄兰、孤挺花**

科属：**石蒜科朱顶红属**

性状：多年生草本。鳞茎近球形，叶鲜绿色，带形。花茎中空，稍扁，具白粉；总苞片披针形；花梗纤细；花被管绿色，圆筒状，花被裂片长圆形，洋红色，略带绿色，喉部有小鳞片；雄蕊花丝红色。花期：夏季。

分布：原产巴西。我国华南地区有栽培。

用途：观赏植物。

拓展介绍：

- 花语：渴望被爱，追求爱。

蜘蛛兰

Hymenocallis americana (Mill.) Roem.

别名：**水鬼蕉、蜘蛛百合**

科属：**石蒜科水鬼蕉属**

性状：多年生草本，高60~90厘米。鳞茎球形。叶倒披针形，先端急尖，绿色。花茎硬而扁平；伞形花序，淡绿色；花被裂片线形或披针形，白色；副冠漏斗形，白色。花期：6~7月。

分布：我国南方地区普遍栽培。原产美洲地区。

用途：叶姿健美，花形别致，适合盆栽观赏或庭院布置，为优良的观赏植物。

扩展介绍：

- 由于其花瓣细长且分得很开，酷似蜘蛛的长腿，花朵中间的部分似蜘蛛的身体，故名蜘蛛兰。

韭莲

Zephyranthes carinata Herbert.

别名：**菖蒲莲、风雨花、风雨兰**

科属：**石蒜科葱莲属**

性状：多年生草本。鳞茎卵球形。基生叶常数枚簇生。花单生于花茎顶端，下有佛焰苞状总苞，总苞片常带淡紫红色；花漏斗形，玫瑰红色或粉红色；花被裂片倒卵形，顶端略尖；子房下位，花柱细长。蒴果近球形。种子黑色。花期：夏秋。

分布：全球热带、亚热带地区常见栽培。原产中美、南美洲。

用途：全草及鳞茎入药，有散热解毒、活血凉血之效。

拓展介绍：

- 花语：坚强勇敢地面对挫折与困难。

天门冬科 Asparagaceae

多年生草本或半灌木。小枝近叶状，称叶状枝。叶退化成鳞片状，基部多少延伸成距或刺。花小，每 1~4 朵腋生或多朵排成总状花序或伞形花序，两性或单性，在单性花中雄花具退化雌蕊，雌花具 6 枚退化雄蕊；花柱明显，柱头 3 裂；子房 3 室，每室 2 至多个胚珠。浆果较小，球形，基部有宿存的花被片，有 1 至几颗种子。

金边龙舌兰

Agave americana L. var. *marginta* Trel.

别名：**黄边龙舌兰**

科属：**天门冬科龙舌兰属**

性状：多年生常绿草本。叶丛生，条状剑形，绿色，边缘有淡黄色条带，有红或紫褐色刺状锯齿。花黄绿色，肉质。蒴果长椭圆形。花期：夏季。

用途：叶片坚挺美观、四季常青，常用于盆栽或花槽观赏；叶可入药，有润肺止咳、凉血止血、清热解毒之功效。

虎尾兰

Sansevieria trifasciata Prain

别名：**菖蒲莲、风雨花、风雨兰**

科属：**天门冬科虎尾兰属**

性状：多年生草本，高0.45~1米。根匍匐，无茎。叶簇生，硬革质，下部筒形，中上部扁平，叶面乳白色、淡黄色、深绿色相间，呈横带斑纹。花从根茎单生抽出，总状花序，淡白色、浅绿色。花期：夏、秋季。

用途：宜植盆栽、地栽，为优良的观叶植物。

棕榈科 Arecaceae

灌木、藤本或乔木，茎通常不分枝，单生或几丛生，表面平滑或粗糙，或有刺，叶互生，在芽时折叠，羽状或掌状分裂。花小，单性或两性，雌雄同株或异株，有时杂性，组成分枝或不分枝的佛焰花序。果实为核果或硬浆果，种子与外果皮分离或黏合，被薄外种皮，胚乳均匀或嚼烂状，胚顶生、侧生或基生。分布于热带、亚热带地区，主产热带亚洲及美洲，少数产于非洲。

假槟榔

Archontophoenix alexandrae (F. Muell.) H. Wendl. et Drude

别名：**亚历山大椰子**

科属：**棕榈科假槟榔属**

性状：乔木状，高达10~25米，茎为圆柱状，基部略膨大。叶羽状全裂，生于茎顶，线状披针形，先端渐尖，全缘或有缺刻。花序生于叶鞘下，呈圆锥花序式，下垂，多分枝，花序轴略具棱和弯曲，具两个鞘状佛焰苞，花雌雄同株，白色；雄花萼片为三角状圆形；花瓣为斜卵状长圆形。果实卵球形，红色。种子卵球形，花期：4月；果期：4~7月。

分布：生长于粤海校区实验楼、汇紫楼前。我国华东、华南和西南地区常有栽培。

用途：常植于庭园或作行道树，是华南地区栽植最多的观叶展景植物。

三药槟榔

Areca triandra Roxb.

科属：**棕榈科槟榔属**

性状：茎丛生，高 3~4 米，具明显的环状叶痕。叶羽状全裂，下部和中部的羽片披针形，上部及顶端羽片较短而稍钝，具齿裂。佛焰苞革质，压扁，光滑，开花后脱落。果实卵状纺锤形，顶端变狭，果熟时由黄色变为深红色。种子椭圆形至倒卵球形，胚乳嚼烂状，几无涩味，胚基生。果期：8~9 月。

分布：我国华东、华南和西南地区有分布。亚洲热带地区有分布。

用途：可入药；亦可作庭园、别墅绿化美化的观叶植物。

散尾葵

Chrysalidocarpus lutescens H.Wendl.

别名：**黄椰子、紫葵**

科属：**棕榈科散尾葵属**

性状：丛生灌木，高 2~5 米。叶羽状全裂，平展而稍下弯，羽片黄绿色，叶面有蜡质白粉，披针形。花序生于叶鞘之下，呈圆锥花序式；花小，卵球形，金黄色；雄花萼片和花瓣上面具条纹脉；雌花萼片和花瓣与雄花的略同，具短的花柱和粗的柱头。果实略为陀螺形或倒卵形，鲜时土黄色，干时紫黑色，外果皮光滑，中果皮具网状纤维。种子略为倒卵形，胚乳均匀，中央有狭长的空腔，胚侧生。花期：5 月；果期：8 月。

分布：生长在粤海校区上文山湖小岛上。我国南方地区常有栽培。原产马达加斯加。

用途：药用、观赏。

棕竹

Rhapis excelsa (Thunb.) Henry ex Rehd.

别名：观音竹、筋头竹、虎散竹

科属：棕榈科棕竹属

性状：丛生灌木，茎圆柱形。叶掌状深裂不均等，边缘及肋脉上具稍锐利的锯齿。总花序梗密被褐色弯卷绒毛；花枝近无毛，花螺旋状着生于小花枝上。雄花在花蕾时为卵状长圆形，具顶尖，在成熟时花冠管伸长，在开花时为棍棒状长圆形，雌花短而粗。果实球状倒卵形。种子球形。花期：6~7 月。

分布：生长于粤海校区图书馆周边和天人广场等处。我国华南和西南等地区有分布。

用途：树形优美，适于庭园绿化；根及叶鞘纤维入药。

王棕

Roystonea regia (Kunth.) O. F. Cook

别名：**大王椰子、棕榈树、文笔树**

科属：**棕榈科王棕属**

性状：茎直立，乔木状，高10~20米；茎幼时基部膨大。叶羽状全裂，弓形并常下垂，顶部羽片较短而狭，在中脉的每侧具粗壮的叶脉。花序多分枝，佛焰苞在开花前棒状；花小，雌雄同株，雄花雄蕊与花瓣等长，雌花长约为雄花之半。果实近球形至倒卵形，暗红色至淡紫色。花期：3~4月；果期：10月。

分布：生长于粤海校区图书馆周边和天人广场等处。我国南方地区常有栽培。

用途：树形优美，广泛作行道树和庭园绿化树种；果实含油，可作猪饲料。

鹤望兰科 Strelitziaceae

大型多年生草本。叶、苞片二行排列，由叶片、叶柄和叶鞘组成；叶脉羽状。花两性，两侧对称，排成蝎尾状聚伞花序。蒴果，3 瓣开裂或不裂；种子坚硬有假种皮或无，具粉质外胚乳及内胚乳。产热带美洲、非洲南部及马达加斯加。

旅人蕉

Ravenala madagascariensis Adans.

别名：**旅人木、扁芭槿、扇芭蕉、水木、孔雀树**

科属：**鹤望兰科旅人蕉属**

性状：常绿乔木，树干像棕榈，高 5~6 米（原产地高可达 30 米）。叶 2 行排列于茎顶，叶片长圆形，似蕉叶，长达 2 米。花序腋生，花序轴每边有佛焰苞 5~6 枚，佛焰苞内有排成蝎尾状聚伞花序；萼片披针形，革质；花瓣与萼片相似，雄蕊线形，子房扁压，花柱约与花被等长，柱头纺锤状。蒴果开裂为 3 瓣；种子肾形。

分布：生长于粤海校区花圃。原产马达加斯加。我国华东和华南地区有栽培。

用途：旅人蕉株形飘逸别致，可作庭园观赏植物。

扩展介绍：

- 马达加斯加人将其作为自己的“国树”，也是“国际植物园保护联盟”的图标。

鹤望兰

Strelitzia reginae Aiton

别名：天堂鸟、极乐鸟

科属：鹤望兰科鹤望兰属

性状：多年生草本，高1~1.5米。茎不明显。叶对生，长圆状披针形。数朵花生于一舟形佛焰苞中，整个花序似仙鹤翘首仰望；花萼片披针形，橙黄色，箭头状花瓣基部具耳状裂片，暗蓝色；雄蕊与花瓣等长；花药狭线形，花柱突出。

分布：我国南方大城市的公园、花圃有栽培，北方则为温室栽培。原产非洲南部。

用途：花奇特，多盆栽供观赏。

拓展介绍：

● 花语：无论何时，无论何地，永远不要忘记你爱的人在等你。能飞向天堂的鸟，能把情感、思恋带到天堂。

美人蕉科 Cannaceae

多年生、直立、粗壮草本，有块状的地下茎。叶大，互生，有明显的羽状平行脉，具叶鞘。花两性，大而美丽，不对称，排成顶生的穗状花序、总状花序或狭圆锥花序，有苞片。果为一蒴果，3 瓣裂，有小瘤体或柔刺；种子球形。花瓣 3 枚，萼状，通常披针形，绿色或其他颜色。产美洲的热带和亚热带地区。

大花美人蕉

Canna generalis Bailey

科属：**美人蕉科美人蕉属**

性状：多年生直立草本，茎、叶和花序均被白粉。叶片椭圆形，叶缘、叶鞘紫色。总状花序顶生；花大，比较密集；萼片披针形；花冠裂片披针形；外轮退化雄蕊，倒卵状匙形，颜色种种：红、橘红、淡黄、白均有；唇瓣倒卵状匙形；发育雄蕊披针形；子房球形；花柱带形。

分布：生长于粤海校区文山湖周围。我国全国各地广泛栽培。

用途：叶片翠绿，花朵艳丽，是绿化、美化、净化环境的理想花卉。

扩展介绍：

- 花语：坚实的未来。

金叶绿脉美人蕉

Canna generalis Bailey cv. Striatus

别名：**金脉美人蕉、金叶美人蕉、金叶绿脉昙华**

科属：**美人蕉科美人蕉属**

性状：多年生草本。叶互生，柄鞘抱茎，卵状披针形，表面具有乳黄或乳白色平行脉线，叶姿优美。春木至秋季均能开花，但以夏季最盛开，总状花序顶生。

分布：生长于粤海校区文山湖周围。原产南美洲热带地区。

用途：观花赏叶，适合庭园美化或大型盆栽。

竹芋科 Marantaceae

多年生草本，有根茎或块茎。叶大，具羽状平行脉，通常2列，叶柄顶部增厚。花两性，不对称，组成顶生的穗状、总状或疏散的圆锥花序；萼片3枚；退化雄蕊4~2枚；发育雄蕊1枚，花瓣状；子房下位，1~3室；每室有胚珠1颗。果为蒴果或浆果状；种子1~3，有胚乳和假种皮。

再力花

Thalia dealbata Fras.

别名：**水竹芋、水莲蕉、塔利亚**

科属：**竹芋科塔利亚属**

性状：多年生挺水植物，高1~2米。丛生，具地下根茎，茎直立。叶基生，叶鞘抱茎，叶片卵状披针形至长椭圆形，硬纸质，浅灰绿色，边缘紫色，全缘；叶面被白粉，叶背具稀疏柔毛；横出平行叶脉。复穗状花序，花莛自茎上部叶鞘中生出；小花紫红色；花冠筒短柱状，淡紫色，唇瓣兜形，上部暗紫色，下部淡紫色。蒴果近圆球形或倒卵状球形，果皮浅绿色。种子成熟棕褐色，表面粗糙，具假种皮，种脐较明显。

分布：我国华南地区有分布。是原产美国南部和墨西哥的热带植物。

用途：观赏价值极高的挺水花卉，常成片种植于水池或湿地，也可盆栽观赏或种植于庭院水体景观中。

拓展介绍：

- 花语：清新可人。

禾本科 Graminceae

植物体木本（竹类和某些高大禾草亦可呈木本状）或草本。根的类型极大多数为须根。茎多为直立，但亦有匍匐蔓延乃至如藤状，通常在其基部容易生出分蘖条，一般明显地具有节与节间两部分。节间中空，常为圆筒形。花风媒，只有热带雨林下的某些草本竹类可罕见虫媒传粉；花常无柄，在小穗轴上交互排列为 2 行以形成小穗。果实通常多为颖果。种子通常含有丰富的淀粉质胚乳及一小形胚体。全球分布广泛。

黄金间碧竹

Bambusa vulgaris Schrader ex Wendland 'Vittata'

别名：**龙头竹、泰山竹、青丝金竹**

科属：**禾本科簕竹属**

性状：乔木状。秆稍疏离，高 8~15 米，尾梢下弯，下部挺直或略呈“之”字形；秆黄色，具宽窄不等的绿色纵条纹。节间深绿色，幼时稍被白蜡粉。箨耳甚发达，长圆形或肾形，斜升；箨片直立或外展，易脱落，宽三角形至三角形。叶片窄被针形，先端渐尖具粗糙钻状尖头，基部近圆形而两侧稍不对称。假小穗以数枚簇生于花枝各节；小穗稍扁，狭披针形至线状披针形。

分布：生长于粤海校区汇元楼旁。我国华东、华南和西南地区有分布。

用途：岭南园林常见观赏竹种；秆可作建筑、造纸用材。

花叶芦竹

Arundo donax L. var. *versiocolor* (Mill.) Stokes

科属：**禾本科芦苇属**

性状：多年生高大草本。秆直立，高 1~3 米，具 20 多节，节间中空似竹。叶互生，排成 2 列，具白色条纹。圆锥花序大型，顶生，着生稠密下垂的小穗；小穗柄无毛；小穗含 4 花；颖具 3 脉；雄蕊 3，花药黄色；颖果椭圆形。花果期：8~9 月。

分布：生长在粤海校区星空广场和丽湖校区洗星湾岸边。全国各地有分布。生于江河湖泽、池塘沟渠沿岸和低湿地。广布于全球温带地区。

用途：秆为造纸原料或作编席织帘及建棚材料，茎、叶嫩时为饲料；根状茎供药用，为固堤造陆先锋环保植物。

小檗科 Berberidaceae

灌木或多年生草本，稀小乔木，常绿或落叶。茎具刺或无。叶互生，稀对生或基生，单叶或 1~3 回羽状复叶；叶脉羽状或掌状。花序顶生或腋生；花两性，辐射对称，花被通常 3 基数；萼片离生，2~3 轮；花瓣 6，扁平，盔状或呈距状，或变为蜜腺状。浆果、蒴果、蓇葖果或瘦果。

阔叶十大功劳

Mahonia bealei (Fortune) Carrière

科属：**小檗科十大功劳属**

性状：灌木或小乔木，高 0.5~4 米。羽状复叶互生，叶柄基部扁宽抱茎；小叶 4~10 对，厚革质，广卵形至卵状椭圆形，先端渐尖成刺齿，边缘反卷，每侧有 2 ～ 7 枚大刺齿。总状花序粗壮，丛生于枝顶；苞片小，密生；花瓣，淡黄色，先端浅裂。浆果卵圆形，熟时蓝黑色，有白粉。花期：9 月至翌年 1 月。果期：3~5 月。

分布：我国华东、华中、华南、西南地区均有分布。

南天竹

Nandina domestica Thunb.

别名：**蓝田竹**
科属：**小檗科南天竹属**

性状：常绿小灌木，高可达 3 米。茎丛生，分枝少，光滑无毛，幼枝常为红色，老后呈灰色。叶互生，集生于茎的上部，椭圆形，全缘，叶面深绿色，冬季则变为红色，叶背的叶脉隆起，两面无毛。圆锥花序直立，花小，白色，具芳香气味。浆果球形，熟时鲜红色。种子扁圆形。花期：3~6 月；果期：5~11 月。

分布：生长于粤海校区汇紫楼前。我国华东、华南、华中、西南、西北地区有分布。亚洲和北美地区有分布。

用途：根、叶、果均可入药；各地庭园常有栽培，为优良观赏植物。

山龙眼科 Proteaceae

乔木或灌木，稀为多年生草本。叶互生，稀对生或轮生，全缘或各式分裂；无托叶。花两性，稀单性，辐射对称或两侧对称，排成总状、穗状或头状花序，腋生或顶生，有时生于茎上；心皮1枚，子房上位，1室，侧膜胎座、基生胎座或顶生胎座，胚珠1~2颗或多颗。蓇葖果、坚果、核果或蒴果。种子1~2颗或多颗，有的具翅。

红花银桦

Grevillea banksii R. Br.

科属：**山龙眼科银桦属**

性状：常绿小乔木，树高可达5米，幼枝有毛。叶互生，一回羽状裂叶，小叶线形，叶背密生白色毛茸。总状花序，顶生，花橙红色至鲜红色。蓇葖果卵形，扁平，熟果呈褐色。花期：春至夏季。

分布：生长在粤海校区天人广场。我国南部、西南部地区有栽培。原产澳大利亚东部。现广泛种植于世界热带、暖亚热带地区。

用途：可应用于花境、庭院、道路绿化。

黄杨科 Buxaceae

常绿灌木或小乔木。单叶，互生或对生，全缘。花小，无花瓣；花序总状或密集的穗状，有苞片；雄花萼片 4，雄蕊 4，花药大，2 室；雌蕊通常由 3 心皮（稀由 2 心皮）组成，子房上位，3 室，每室有 2 枚并生、下垂的倒生胚珠。果实为室背裂开的蒴果，或肉质的核果状果。种子黑色、光亮。

黄杨

Buxus sinica (Rehder et E. H.Wilson) M. Cheng

别名：**黄杨木、瓜子黄杨、锦熟黄杨**

科属：**黄杨科黄杨属**

性状：灌木或小乔木。枝圆柱形，有纵棱，灰白色；小枝四棱形，全面被短柔毛或外方相对两侧面无毛。叶革质，阔椭圆形、阔倒卵形、卵状椭圆形或长圆形。花序腋生，头状，被毛，苞片阔卵形；雄花无花梗，外萼片卵状椭圆形，内萼片近圆形，无毛；雌花萼片长 3 毫米，子房较花柱稍长，无毛，花柱粗扁，柱头倒心形，下延达花柱中部。蒴果近球形。花期：3 月；果期：5~6 月。

分布：生长于粤海校区汇元楼前。产华西、华南、华东地区，湖北。

用途：供观赏和药用；其木材可用作木雕。

五桠果科 Dilleniaceae

直立木本，或为木质藤本，少数是草本。叶互生，偶为对生，具叶柄，全缘或有锯齿，偶为羽状裂。花两性，少数是单性的，放射对称，偶为两侧对称，白色或黄色；萼片多数，覆瓦状排列；花瓣2~5个，覆瓦状排列，在花芽时常皱折。果实为浆果或蓇葖状；种子1至多个，常有各种形式的假种皮。

大花五桠果

Dillenia turbinata Finet et Gagnep.

别名：**大花弟伦桃**

科属：**五桠果科五桠果属**

性状：常绿乔木，株高达30米。嫩枝粗壮，老枝秃净。叶革质，倒卵形或长倒卵形。总状花序生枝顶，花大，花序粗大，有香气；萼片厚肉质，卵形，被褐毛；花瓣黄色，倒卵形；果实近于圆球形，不开裂，暗红色；种子倒卵形。花期：4~5月。

分布：生长于粤海校区友谊林内。我国华南和西南地区有分布。亚洲、大洋洲、非洲等地也有分布。

用途：树姿优美，叶色青绿，树冠开展如盖，具有极高的观赏价值；果实多汁且略带酸味，可作为果酱原料。

金缕梅科 Hamamelidaceae

常绿或落叶乔木和灌木。叶互生，稀对生。花两性，或单性而雌雄同株，稀雌雄异株；异被，放射对称，或缺花瓣，少数无花被；常为周位花或上位花，亦有为下位花；萼筒与子房分离或多少合生；花瓣与萼裂片同数，线形、匙形或鳞片状。果为蒴果，外果皮木质或革质，内果皮角质或骨质；种子多数，有明显的种脐。

红花檵木

Loropetalum chinense (R.Br.) Oliv. var. *rubrum* Yieh

科属：**金缕梅科檵木属**

性状：灌木，有时为小乔木。多分枝，小枝有星毛。叶革质，卵形，先端尖锐，基部钝，不等侧，叶背被星毛，全缘；叶柄也被星毛；托叶膜质，三角状披针形，早落。花簇生，有短花梗，紫红色；花序柄被毛；萼筒杯状，被星毛；花瓣 4 片，带状；雄蕊 4 个，花丝极短，药隔突出成角状；退化雄蕊与雄蕊互生；子房完全下位，被星毛；花柱极短。蒴果卵圆形，先端圆，被褐色星状绒毛；种子圆卵形，黑色，发亮。花期：3~4 月。

分布：生长于丽湖校区图书馆前。分布于我国中部、南部及西南各地；亦见于日本及印度。

用途：可供药用，叶用于止血，根及叶用于跌打损伤，有去瘀生新之功效。

扩展介绍：

- 中国特产之乡推荐暨宣传活动组织委员会授于湖南浏阳市“中国红花檵木之乡”荣誉称号。
- 花语：发财、幸福、相伴一生。

红花荷

Rhodoleia championii Hook. f.

别名：**红苞木**

科属：**金缕梅科红花荷属**

性状：常绿乔木，高 12 米。叶互生，厚革质，卵形，先端钝或略尖，基部阔楔形，具三出脉，叶背灰白色，干后有多数小瘤状凸起。头状花序，常弯垂；花瓣红色，匙形。蒴果卵圆形，果皮薄木质；种子扁平，黄褐色。花期：3~4 月；果期：5~8 月。

分布：生长于粤海校区光电所楼前。我国华南地区有分布。

用途：花美色艳，花量大，花期长，常用于观赏。

葡萄科 Vitaceae

攀缘木质藤本，稀草质藤本，具有卷须，或直立灌木，无卷须。单叶、羽状或掌状复叶，互生；托叶通常小而脱落，稀大而宿存。花小，两性或杂性同株或异株，排列成伞房状多歧聚伞花序、复二歧聚伞花序或圆锥状多歧聚伞花序；萼片细小，与花瓣同数。子房上位，通常2室，每室有2颗胚珠，或多室而每室有1颗胚珠，果实为浆果，有种子1至数颗。

葡萄

Vitis vinifera L.

别名：**蒲陶、草龙珠、赐紫樱桃**

科属：**葡萄科葡萄属**

性状：木质藤本。卷须二叉分枝，间断与叶对生。叶卵圆形，有显著浅裂或中裂，中裂片顶端急尖，边缘具锯齿。圆锥花序密集或疏散，多花，与叶对生；萼浅碟形，边缘呈波状；花瓣呈帽状黏合脱落。果实球形或椭圆形；种子倒卵椭圆形。花期：4~5月；果期：8~9月。

分布：我国各地均有栽培。原产亚洲西部。现世界各地均有栽培。

用途：生食或制葡萄干，亦可酿酒；根和藤药用能止呕、安胎。

扩展介绍：

● 中国是世界上葡萄的较早栽培地之一。先秦时期，葡萄种植和葡萄酒酿造已开始在西域传播，自西汉张骞引进大宛葡萄品种，中原内地葡萄种植的范围开始扩大，葡萄酒的酿造也开始出现，葡萄和葡萄酒作为文学家诗赋等创作的题材显著增加，如唐·王翰的“葡萄美酒夜光杯，欲饮琵琶马上催。”

豆科 Leguminosae

乔木、灌木、亚灌木或草本，直立或攀缘，常有能固氮的根瘤。叶常绿或落叶，通常互生。花两性，稀单性，辐射对称或两侧对称，通常排成花序；花被 2 轮；雄蕊通常 10 枚，有时 5 枚或多数；雌蕊通常由单心皮所组成，子房上位，1 室，胚珠 2 至多颗。果为荚果；种子通常具革质或有时膜质的种皮。

台湾相思

Acacia confusa Merr.

别名：**台湾柳、相思树、相思子**

科属：**豆科金合欢属**

性状：常绿乔木，高 6~15 米；枝灰色或褐色。叶状柄革质，披针形。头状花序球形，单生或簇生于叶腋；花金黄色，有微香；花瓣淡绿色；雄蕊多数，明显超出花冠之外。荚果扁平，干时深褐色，有光泽，顶端钝而有凸头，基部楔形；种子椭圆形。花期：3~10 月；果期：8~12 月。

分布：生长于粤海校区杜鹃山等地。我国华东、华南、西南地区有分布。亚洲地区广泛分布。

用途：本种为华南地区荒山造林、水土保持和沿海防护林的重要树种；可为车轮，桨橹及农具等用；树皮含单宁；花含芳香油，可作调香原料。

大叶相思

Acacia auriculiformis A. Cunn. ex Benth.

别名：**耳叶相思**

科属：**豆科金合欢属**

性状：常绿乔木，枝条下垂，树皮平滑，灰白色；小枝无毛，皮孔明显。具镰状长圆形叶状柄。穗状花序簇生于叶腋或枝顶；花橙黄色；花瓣长圆形。荚果，成熟时旋卷，果瓣木质；种子黑色。

分布：生长于粤海校区汇星楼附近。原产澳大利亚及新西兰。我国华东和华南地区有栽培。

用途：造林绿化、水土保持和改良土壤的主要树种之一。

红花羊蹄甲

Bauhinia × *blakeana* Dunn

科属：**豆科羊蹄甲属**

性状：乔木；分枝多，小枝细长，被毛。叶近圆形或阔心形，基部心形，有时近截平，革质。总状花序顶生或腋生，有时复合成圆锥花序，被短柔毛；萼佛焰状，有淡红色和绿色线条；花瓣红紫色，倒披针形。花期：全年，3~4 月为盛花期。通常不结果。

分布：校园栽培作行道树。世界各地广泛栽植。

用途：美丽的观赏树种，盛开时满树紫红色花，为岭南主要的庭园树之一。

嘉氏羊蹄甲

Bauhinia galpinii N.E.Br.

别名：**南非羊蹄甲、橙红花羊蹄甲**

科属：**豆科羊蹄甲属**

性状：常绿攀缘灌木，小枝顶端被微柔毛；无卷须。叶坚纸质，宽明显大于长；先端深裂，裂片顶端钝圆；叶柄被微茸毛。聚伞花序，侧生，伞房状，被柔毛；花萼开花时向外反折；花瓣红色，倒匙形，有瓣柄。荚果长圆形，果瓣较厚，无毛；种子扁平，有光泽。花期：4~11 月；果期：7~12 月。

分布：原产南非。

用途：叶形羊蹄甲状，花色艳丽，花形奇特，观赏价值高，可作园林绿化。

腊肠树

Cassia fistula L.

别名：**阿勃勒、黄金雨、波斯皂荚**

科属：**豆科决明属**

性状：落叶小乔木或中等乔木，高可达15米。小叶对生，薄革质，阔卵形，卵形或长圆形，顶端短渐尖而钝，基部楔形，边全缘，幼嫩时两面被微柔毛，老时无毛。总状花序，疏散，下垂；花与叶同时开放；花瓣黄色，倒卵形。荚果黑褐色，圆柱形，不开裂，有槽纹；种子为横隔膜所分开。花期：6~8月；果期：10月。

分布：生长于粤海校区友谊林内、丽湖校区大沙河畔。我国华南和西南地区有分布。亚洲地区广泛分布。

用途：庭园观赏树种；树皮含单宁，可做红色染料；根、树皮、果瓤和种子均可入药；木材可作支柱、桥梁、车辆及农具等用材。

拓展介绍：

● 初夏满树开满金黄色花，花序随风摇曳、花瓣随风如雨落，所以又名“黄金雨”。由于荚果形似腊肠，故称其为腊肠树。

朱缨花

Calliandra haematocephala Hassk.

别名：红合欢、美洲合欢、红绒球

科属：豆科朱缨花属

性状：落叶灌木或小乔木，高 1~3 米。二回羽状复叶，托叶卵状披针形。头状花序腋生；花冠管淡紫红色；雄蕊白色，显著突于花冠之外，管口内附有钻状物。荚果线状倒披针形，暗棕色，成熟时由顶至基部沿缝线开裂；种子长圆形，棕色。花期：8~9 月；果期：10~11 月。

分布：生长于粤海校区银桦斋前草坪等处。我国华东和华南地区有引种栽培。原产南美。现热带和亚热带地区常有栽培。

用途：树皮可入药，用于利尿，驱虫；花色艳丽，是优良的观花树种。

扩展介绍：

- 花语：奔放、豪迈、喜庆。

降香黄檀

Dalbergia odorifera T. C. Chen

别名：**降香檀、花梨母**

科属：**豆科黄檀属**

性状：乔木，高 10~15 米。羽状复叶，小叶近革质，卵形或椭圆形。圆锥花序腋生，分枝呈伞房花序状；花冠乳白色或淡黄色，各瓣近等长，均具瓣柄，旗瓣倒心形，翼瓣长圆形，龙骨瓣半月形。荚果长圆形。

分布：生长于粤海校区友谊林内。我国华南地区有分布。

用途：木材质优，为上等家具良材；有香味，可作香料；根部心材名降香，供药用。

拓展介绍：

- 国家Ⅱ重点级保护野生植物。
- 降香黄檀心材红褐色，材质致密硬重，纹理细密美观，自然形成天然图案（俗称“鬼脸”），耐腐耐磨，不裂不翘，且散发芳香，经久不退，是制作高级红木家具、工艺品、乐器和雕刻、镶嵌、美工装饰的上等材料，与进口的酸枝木齐名。

凤凰木

Delonix regia (Boj.) Raf.

别名：**凤凰花、红花楹、火树**

科属：**豆科凤凰木属**

性状：高大落叶乔木，高可达20米。二回偶数羽状复叶，具托叶；小叶密集对生，长圆形，两面被绢毛，先端钝，基部偏斜，边全缘。伞房状总状花序顶生或腋生；花大，鲜红至橙红色；花瓣匙形，红色，具黄色与白色花斑。荚果带形，扁平，稍弯曲，暗红褐色转黑褐色。种子横长圆形。花期：6~7月；果期：8~10月。

分布：生长于粤海校区汇元楼、学生区等处。原产马达加斯加。现世界热带地区常有栽培。

用途：庭院观赏树或行道树；根系有固氮根瘤菌，可增肥改土；树皮和根可入药。

拓展介绍：

- 花语：离别、思念、火热青春。
- 因其“叶如飞凰之羽，花若丹凤之冠”，故名凤凰木。

鸡冠刺桐

Erythrina crista-galli L.

别名：鸡冠豆、巴西刺桐、象牙红

科属：豆科刺桐属

性状：落叶灌木或小乔木，茎和叶柄稍具皮刺。羽状复叶；小叶长卵形或披针状长椭圆形，先端钝，基部近圆形。花与叶同出，总状花序，顶生；花深红色，稍下垂或与花序轴成直角；花萼钟状，先端具有二浅裂。荚果，褐色；种子大，为亮褐色。

分布：生长在丽湖校区至月岭周边。原产巴西等南美洲热带地区。

用途：该种树态优美，花繁色艳，花形独特，花期长，具有较高的观赏价值。

刺桐

Erythrina variegata L.

别名：**海桐、山芙蓉、空桐树、木本象牙红**

科属：**豆科刺桐属**

性状：大乔木，高可达20米。羽状复叶，小叶膜质，宽卵形或菱状卵形，先端渐尖而钝，基部宽楔形或截形。总状花序顶生，花于其上密集、成对着生；花冠红色，旗瓣椭圆形，先端圆；翼瓣与龙骨瓣近等长。荚果黑色，肥厚；种子暗红色，呈肾形。花期：3月；果期：8月。

分布：生长于粤海校区深大幼儿园附近。我国华东、华南地区有分布。亚洲和大洋洲有分布。

用途：可栽作观赏树木；生长较迅速，可栽作胡椒的支柱；树皮或根皮入药。

拓展介绍：

- 刺桐花是阿根廷的国花，我国泉州市、日本宫古岛市的市花，冲绳县的县花。

银合欢

Leucaena leucocephala (Lam.) de Wit

别名：**白合欢**

科属：**豆科银合欢属**

性状：灌木或小乔木，高 2~6 米。幼枝被短柔毛，老枝具褐色皮孔，无毛无刺。羽片复叶翠绿色，4~8 对，叶轴被柔毛，小叶线状长圆形。头状花序通常 1~2 个腋生，花瓣白色，狭倒披针形。荚果带状，顶端凸尖，基部有柄，纵裂，被微柔毛。种子 6~25 颗，卵形，褐色，扁平，光亮。花期：4~7 月；果期：8~10 月。

分布：生于丽湖校区大沙河岸边。我国华南、西南地区有分布。原产热带美洲，现广布于各热带地区。

用途：耐旱力强，适为荒山造林树种，亦可作咖啡或可可的荫蔽树种或植作绿篱；叶可作绿肥及家畜饲料。

仪花

Lysidice rhodostegia Hance

别名：**单刀根、红花树、龙眼参**

科属：**豆科仪花属**

性状：灌木或小乔木，高 2~5 米。偶数羽状复叶，小叶对生，纸质，长椭圆形或卵状披针形。圆锥花序顶生枝端，苞片被短疏柔毛；小苞片粉红色，卵状长圆形或椭圆形，萼裂片暗紫红色，长圆形；花瓣紫红色，阔倒卵形。荚果倒卵状长圆形，开裂，果瓣螺旋状卷曲。种子 2~7 颗，褐红色，长圆形。花期：6~8 月；果期：9~11 月。

分布：我国华南、西南地区有分布。

用途：花美丽，是优良的庭园绿化树种；入药可散瘀消肿，止血止痛。

白花油麻藤

Mucuna birdwoodiana Tutch.

别名：**鲤鱼藤、禾雀花**

科属：**豆科油麻属**

性状：常绿、大型木质藤本。老茎皮灰褐色，断面淡红褐色幼茎具纵沟槽皮孔褐色，凸起。羽状复叶；小叶近革质，顶生小叶椭圆形，卵形或略呈倒卵形，侧生小叶偏斜。总状花序生于老枝上或生于叶腋，花束状；苞片卵形，早落；花冠白色或带绿白色。果木质，带形，近念珠状，密被红褐色短绒毛，各具木质狭翅。种子深紫黑色，近肾形。花期：4~6 月；果期：6~11 月。

分布：生长于粤海校区花圃。我国华南、西南地区有分布。

用途：入药可通经络、强筋骨。

拓展介绍：

● 该植物开花时藤蔓上吊挂成串，花形似禾雀，盛开似振翅欲飞，含苞似雏鸟待哺，可作庭园、花廊观赏植物。

海南红豆

Ormosia pinnata (Lour.) Merr.

别名：**大萼红豆、羽叶红豆、鸭公青**

科属：**豆科红豆属**

性状：常绿乔木或灌木，高可达25米。奇数羽状复叶；小叶薄革质，披针形，先端钝或渐尖，两面均无毛。圆锥花序顶生；花冠粉红而带黄白色，各瓣均具柄，旗瓣瓣片基部有角质耳状体，翼瓣倒卵圆形，龙骨瓣基部耳形。荚果，果瓣厚木质，成熟时橙红色，干时褐色，具淡色斑点，光滑无毛；种子椭圆形，种皮红色，位于短轴一端。花期：7~8月。

分布：生长于粤海校区红豆斋前。我国华南地区。亚洲地区有分布。

用途：木材可作家具、建筑用材；树冠浓绿美观，可用作行道树。

拓展介绍：

● 海南红豆种子粒圆质硬、色泽鲜红，上面还有一黑点，状似相思泪滴，可串成项链、手链等首饰，用作特色纪念品。

水黄皮

Pongamia pinnata (L.) Pierre

别名：**水流豆、野豆**

科属：**豆科水黄皮属**

性状：乔木，高 8~15 米。羽状复叶；小叶卵形，阔椭圆形至长椭圆形，先端短渐尖或圆形，基部宽楔形、圆形或近截形，近革质。总状花序腋生；花冠白色或粉红色，旗瓣背面被丝毛，边缘内卷，龙骨瓣略弯曲。荚果不开裂。种子肾形。花期：5~6 月；果期：8~10 月。

分布：生长于粤海校区友谊林等地。我国华东、华南地区有分布。亚洲和大洋洲有分布。

用途：木材纹理致密，可制作各种器具；种子油可作燃料；全株入药，可作催吐剂和杀虫剂；可作沿海地区堤岸护林和行道树。

紫檀

Pterocarpus indicus Willd.

别名：**青龙木、黄柏木、蔷薇木、羽叶檀**

科属：**豆科紫檀属**

性状：乔木，高 15~25 米。树干垂直而平滑。奇数羽状复叶互生，小叶卵形，两面无毛。圆锥花序顶生或腋生，多花；花梗顶端有线形，易脱落的小苞片；花萼钟状，微弯，萼齿阔三角形；花冠黄色，花瓣边缘皱波状。荚果圆形，扁平，偏斜，种子 1~2 粒。花期：春季。

分布：我国华南地区有分布。印度、菲律宾、印度尼西亚和缅甸也有分布。

用途：木材坚硬致密，心材红色，为优良的建筑、乐器及家具用材。

垂枝无忧树

Saraca declinata Miq.

科属：**豆科无忧花属**

性状：常绿乔木，高 5~20 米。羽状复叶，幼叶紫红色，下垂，小叶近革质长椭圆形或卵状披针形。总状花序腋生；花两性或单性；花萼片顶端有 4 枚裂片，裂片卵形，橙黄色。荚果带形。花期：夏季；果期：秋季。

分布：生长在丽湖校区生命与海洋科学学院大楼周边。我国南方各地有栽培。越南也有分布。

用途：高雅的木本花卉，可作庭园绿化树。

铁刀木

Senna siamea (Lamarck) H. S. Irwin et Barneby

别名：**黑心树**

科属：**豆科番泻决明属**

性状：乔木，高约 10 米左右。小叶对生，革质，长圆形或长圆状椭圆形，顶端圆钝，常微凹，有短尖头，基部圆形，叶背粉白色，边全缘。总状花序生于枝条顶端的叶腋，并排为伞房花序状；花瓣黄色，阔倒卵形。荚果扁平，被柔毛，熟时带紫褐色。花期：10~11 月；果期：12 月至翌年 1 月。

分布：生长于粤海校区友谊林内。我国华东、华南和西南地区有分布。亚洲地区广泛分布。

用途：木材为上等家具原料；老树材黑色，纹理甚美，可为乐器装饰；树皮、荚果含单宁，可提取栲胶；枝上可放养紫胶虫，生产紫胶。

拓展介绍：

- 因材质坚硬、刀斧难入而得名；铁刀木树又称“挨刀树”，是哈尼族人用来制作树皮“布”的原料。

黄槐决明

Senna surattensis (N.L.Burman) H. S. Irwin et Barneby

别名：**黄槐、粉叶决明**
科属：**豆科番泻决明属**

性状：灌木或小乔木，高 5~7 米；分枝多，小枝有肋条。小叶长椭圆形或卵形，叶背粉白色，被疏散、紧贴的长柔毛，边全缘。总状花序生于枝条上部的叶腋内；花瓣鲜黄至深黄色，卵形至倒卵形。荚果扁平，带状，开裂，顶端具细长的喙，果柄明显；种子有光泽。花果期：几乎全年。

分布：生长在丽湖校区体育场周边。原产印度、斯里兰卡、印度尼西亚、菲律宾和澳大利亚、波利尼西亚等地。现世界各地均有栽培。

用途：常作行道树和园林风景树。

紫藤

Wisteria sinensis (Sims) Sweet

别名：**朱藤、招藤、藤萝**

科属：**豆科紫藤属**

性状：落叶藤本。多分枝，茎左旋，枝较粗壮，嫩枝被白色柔毛，后秃净；冬芽卵形。奇数羽状复叶互生；托叶线形；小叶纸质，卵状椭圆形至卵状披针形。总状花序侧生，生于枝端或叶腋，花序轴被白色柔毛；苞片披针形；花芳香；花萼杯状；花冠紫色，旗瓣圆形，花开后反折，翼瓣长圆形，基部圆，龙骨瓣较翼瓣短，阔镰形。荚果倒披针形，悬垂枝上不脱落。种子褐色光泽，扁圆形。花期：4~5 月 果期：5~8 月。

分布：产黄河长江流域及西北、西南、华南地区。

用途：可作庭园棚架观赏植物。

拓展介绍：

- “藤花紫蒙茸，藤叶青扶疏。”—白居易《紫藤》

蔷薇科 Rosaceae

草本、灌木或乔木，落叶或常绿。叶互生，稀对生，单叶或复叶，有显明托叶，稀无托叶。花两性，稀单性。萼片和花瓣同数，通常4~5，覆瓦状排列，稀无花瓣，萼片有时具副萼。果实为蓇葖果、瘦果、梨果或核果，稀蒴果；种子通常不含胚乳，极稀具少量胚乳。

桃

Amygdalus persica L.

科属：**蔷薇科桃属**

性状：乔木，高3~8米。小枝细长，无毛，有光泽。叶片长圆披针形、椭圆披针形或倒卵状披针形，先端渐尖，基部宽楔形，叶边具锯齿；叶柄粗壮。花单生；萼筒钟形；花瓣长圆状椭圆形至宽倒卵形，粉红色，罕为白色。果实卵形、宽椭圆形或扁圆形，色泽变化由淡绿白色至橙黄色，常在向阳面具红晕，外面密被短柔毛，稀无毛，腹缝明显；种仁味苦，稀味甜。花期：3~4月；果期：通常为8~9月。

分布：生长于粤海校区桃李斋前原产我国。世界各地均有栽植。

用途：树干上分泌的胶质，俗称桃胶，可用作黏接剂等；可食用，也供药用。

广州樱

Cerasus yunnanensis ‘Guangzhou’

科属：**蔷薇科樱属**

性状：小乔木，树皮黑褐色。叶卵形或卵状椭圆形，薄革质，边缘有锯齿。伞形花序，花瓣浅玫红色。花期：3~4 月。

分布：我国华南地区。

用途：观赏植物。

枇杷

Eriobotrya japonica (Thunb.) Lindl.

别名：**芦橘、金丸、芦枝**

科属：**蔷薇科枇杷属**

性状：常绿小乔木，高可达10米。叶革质，倒卵形或椭圆长圆形。圆锥花序顶生；花瓣白色，长圆形或卵形，基部具爪，有锈色绒毛。果实黄色或橘黄色，球形或长圆形，外有锈色柔毛，不久脱落。花期：10~12月；果期：5~6月。

分布：我国华东、华南、华中、西南和西北地区有分布。亚洲地区广泛分布。

用途：果味甘酸，可供生食、蜜饯和酿酒用；叶晒干去毛，可供药用；木材红棕色，可作木梳、手杖、农具柄等用。

拓展介绍：

- 枇杷被誉为“初夏第一果”，为我国南方特有水果。

紫叶李

Prunus cerasifera Ehrhar f. *atropurpurea* (Jacq.) Rehd.

别名：**樱桃李**

科属：**蔷薇科李属**

性状：灌木或小乔木，高可达 8 米。多分枝，枝条细长，开展，暗灰色，有时有棘刺。叶片椭圆形、卵形或倒卵形。核果近球形或椭圆形。花期：4 月；果期：8 月。

分布：我国华北及其以南地区广为种植。

用途：叶片紫红色，宜于建筑物前及园路旁或草坪角隅处栽植。

石斑木

Rhaphiolepis indica (L.) Lindley

别名：**车轮梅、春花、凿角**

科属：**蔷薇科石斑木属**

性状：常绿灌木，稀小乔木，高可达 4 米。叶片集生于枝顶，卵形、长圆形，稀倒卵形或长圆披针形，托叶钻形。顶生圆锥花序或总状花序，苞片及小苞片狭披针形；花瓣倒卵形或披针形，白色或淡红色。果实球形，紫黑色。花期：4 月；果期：7~8 月。

分布：生长于粤海校区杜鹃山内。我国华东、华南、华中、西南地区有分布。亚洲地区广泛分布。

用途：果实可食；根入药，治跌打损伤；可作为耐盐碱、耐水湿的绿化植物。

鼠李科 Rhamnaceae

灌木、藤状灌木或乔木，稀草本。单叶互生或近对生；托叶小，早落或宿存，或有时变为刺。花两性或单性，稀杂性，常排成聚伞花序、穗状圆锥花序、聚伞总状花序、聚伞圆锥花序，或有时单生或数个簇与，通常 4 基数，稀 5 基数；子房上位、半下位至下位，通常 3 或 2 室，稀 4 室，每室有 1 基生的倒生胚珠。核果、浆果状核果、蒴果状核果或蒴果，具 2~4 个开裂或不开裂的分核，每分核具 1 种子。

雀梅藤

Sageretia thea (Osbeck) Johnst.

别名：**刺冻绿、对节刺、碎米子**

科属：**鼠李科雀梅藤属**

性状：藤状或直立灌木；小枝具刺，互生或近对生，褐色，被短柔毛。叶纸质，近对生或互生，通常椭圆形，边缘具细锯齿。花无梗，黄色，有芳香，通常数个簇生；花瓣匙形，顶端浅裂，常内卷。核果近圆球形，成熟时黑色或紫黑色，味酸；种子扁平，二端微凹。花期：7~11 月；果期：翌年 3~5 月。

分布：生长于粤海校区杜鹃山上。我国华东、华南、华中、西南地区均有分布。亚洲各国有分布。

榆科 Ulmaceae

乔木或灌木；芽具鳞片，稀裸露。单叶，常绿或落叶，互生，稀对生，常二列，有锯齿或全缘，基部偏斜或对称。单被花两性，稀单性或杂性；花被浅裂或深裂。果为翅果、核果、小坚果或有时具翅或具附属物，顶端常有宿存的柱头。

朴树

Celtis sinensis Pers.

别名：**黄果朴、紫荆朴、小叶朴**

科属：**榆科朴属**

性状：落叶乔木，树皮平滑；1 年生枝被密毛。叶互生，叶柄长，三出叶脉；叶片革质，宽卵形至狭卵形，基部偏斜，中部以上边缘有浅锯齿。花腋生，黄绿色。核果近球形，红褐色。花期：3~4 月；果期：9~10 月。

分布：生长于丽湖校区大沙河畔，粤海校区杜鹃山林等地。我国华东、华南、华中、西南地区有分布。

用途：材用、药用、纤维、油料。

桑科 Moraceae

乔木或灌木，藤本，稀为草本，通常具乳液。叶互生稀对生，全缘或具锯齿，叶脉掌状或为羽状。花小，单性，雌雄同株或异株，无花瓣；花序腋生，典型成对。雄花花被片 2~4 枚，覆瓦状或镊合状排列。雌花花被片。果为瘦果或核果状，围以肉质变厚的花被，或形成聚花果，或形成隐花果。种子大或小，包于内果皮中。

面包树

Artocarpus communis J. R. Forster et G.Forster

别名：**面包果树**

科属：**桑科波罗蜜属**

性状：常绿乔木，高 10~15 米。叶大，互生，卵形至卵状椭圆形，成熟的叶羽状分裂。花序单生叶腋，雄花序长圆筒形至长椭圆形，黄色；雌花花被管状，花柱长，表面具圆形瘤状凸起，内面为乳白色肉质花被组成。核果椭圆形至圆锥形。

分布：生长于粤海校区文山湖周围。我国华东、华南地区有分布。亚洲地区广泛栽培。

用途：果肉味甜可食，种子可煮食或炒食；树汁和叶供药用，消肿解毒；木材坚硬，可制家具。

扩展介绍：

- 面包树是许多热带地区居民的主食，通常以烘烤或蒸、炸等方法料理，烹煮后味道与面包和马铃薯相似。

波罗蜜

Artocarpus heterophyllus Lamarck

别名：**木波罗、树波罗、牛肚子果**

科属：**桑科波罗蜜属**

性状：常绿乔木，高 10~20 米。老树常有板状根；树皮厚，黑褐色。叶革质，椭圆形或倒卵形，呈螺旋状排列，叶面墨绿色，有光泽。花雌雄同株，花序生老茎或短枝上。聚花果椭圆形至球形，未成熟时浅黄色，成熟时黄褐色。核果长椭圆形。花期: 2~3 月; 果期: 11~12 月。

分布：生长于粤海校区立德门到小西门路段。原产印度。我国华东、华南地区有分布。亚洲地区广泛栽培。

用途：果肉味甜可食，种子可煮食或炒食；树汁和叶供药用，消肿解毒；木材坚硬，可制家具。

构树

Broussonetia papyrifera (L.) L'Hérit. ex Vent.

别名：**褚桃、褚、谷桑**

科属：**桑科构属**

性状：乔木，高 10~20 米；树皮暗灰色；小枝密生柔毛。叶螺旋状排列，广卵形至长椭圆状卵形，先端渐尖，基部心形，两侧常不相等，边缘有粗锯齿，叶面粗糙，叶背密被绒毛，基生叶脉三出。花雌雄异株；雌花序球形头状。聚花果成熟时橙红色，肉质；瘦果，外果皮壳质。花期：4~5 月；果期：6~7 月。

分布：生长于粤海校区教工区。我国南北各地有分布。亚洲和美洲有栽培。

用途：纤维、油料、栲胶、药用、材用。

高山榕

Ficus altissima Bl.

别名：**大叶榕、大青树**

科属：**桑科榕属**

性状：大乔木，高 25~30 米；树皮灰色，平滑；幼枝绿色，被微柔毛。叶厚革质，广卵形至广卵状椭圆形，先端钝，急尖，基部宽楔形，全缘，两面光滑，基生侧脉延长。榕果成对腋生，椭圆状卵圆形，幼时包藏于早落风帽状苞片内，成熟时红色或带黄色。花期：3~4 月；果期：5~7 月。

分布：校园内常见栽培。我国华南和西南地区有分布。亚洲地区广泛分布。

用途：观赏。

扩展介绍：

- 在云南省西双版纳地区，多处独树成林的高山榕成为当地旅游观光的重要内容之一。当地居民尤其是信仰南传上座部佛教的傣族、布朗族等少数民族，都将高山榕看作神树，倍加崇拜，特别喜欢将它种植在村寨或寺庙周围。
- 见于学校友谊林周围的纪念树，分别为中共中央政治局原常委、国务院原副总理李岚清于 2005 年 3 月 27 日种植，我校名誉教授池田大作于 1994 年 1 月 31 日种植，澳大利亚格里菲思大学代表团于 1991 年 10 月种植。

环纹榕

Ficus annulata Bl.

科属：**桑科榕属**

性状：常绿乔木。叶薄革质，长椭圆形至椭圆状披针形，全缘，先端短渐尖，基部楔形，稀近圆形，托叶披针状线形，早落。榕果成对腋生，卵圆形至长圆形，成熟时橙红色，表面散生白色斑点。瘦果有瘤体，花柱长，柱头长，棒状。

分布：生长在粤海校区汇元楼周边。我国西南地区有分布。亚洲多国有分布。

用途：常作行道树和绿荫树。

垂叶榕

Ficus benjamina L.

别名：**细叶榕、小叶榕、垂榕**

科属：**桑科榕属**

性状：大乔木，高达 20 米，树冠广阔；树皮灰色，平滑；小枝下垂。叶薄革质，卵形至卵状椭圆形，先端短渐尖，基部圆形或楔形，全缘；叶柄上面具沟槽。榕果单生或成对生于叶腋，成熟时红色至黄色。雄花花被片宽卵形；瘿花具柄，多数，花被片狭匙形；雌花花被片短匙形。瘦果卵状肾形。花果期：8~11 月。

分布：校园内常见绿篱植物。我国华南和西南地区有分布。亚洲和大洋洲有分布。

用途：观赏。

美丽枕果榕

Ficus drupacea Thunb.var. *glabrata* Corner

别名：**毛果枕果榕**

科属：**桑科榕属**

性状：常绿大乔木，高可达20米。叶互生，革质，倒卵状椭圆形；初期密被黄褐色长柔毛，成长后渐脱落。榕果圆锥状椭圆形，密被褐黄色长柔毛，基生苞片卵状披针形。

分布：生长于粤海校区学生宿舍区。我国西南地区有分布。亚洲地区广泛分布。

用途：园林绿化和行道树。

印度榕

Ficus elastica Roxb.

别名：**印度胶树**

科属：**桑科榕属**

性状：乔木，株高达 20~30 米。树皮灰白色，平滑。叶互生，长圆形，基部宽楔形，全缘，侧脉多，平行展出；叶柄粗壮，具托叶，深红色，脱落后有明显环状疤痕。榕果卵状长椭圆形，成对生于已落叶枝的叶腋，黄绿色，基生苞片风帽状；雄花、雌花同生于榕果内壁；瘦果卵圆形。花期：冬季。

分布：生长于粤海校区汇元楼周边。我国西南地区有分布。亚洲地区广泛分布。

用途：常栽于温室或在室内，盆栽作观赏。

粗叶榕

Ficus hirta Vahl

别名：五指毛桃、丫枫小树、佛掌榕、大青叶

科属：桑科榕属

性状：灌木或小乔木，叶和榕果均被金黄色长硬毛。叶互生，长椭圆状披针形或广卵形，具细锯齿，托叶卵状披针形，膜质，红色，被柔毛。榕果成对腋生或生于已落叶枝上，无梗或几近无梗，基生苞片红色，卵状披针形，被柔毛；雄花红色，花被片披针形；雌花生雌株榕果内，瘦果椭圆球形。

分布：生长于粤海校区校园荔枝林下及杜鹃山上。我国华东、华南、华中、西南地区有分布。亚洲地区广泛分布。

用途：药用；茎皮纤维制麻绳、麻袋。

拓展介绍：

● 属桑科植物，并不是桃，因其叶子极似五指，而且叶片长有细毛，果实成熟时像毛桃而得别名“五指毛桃”。煲汤味道类似椰子的香气，深受人们喜爱。

榕树

Ficus microcarpa L. f

别名：**细叶榕、万年青**

科属：**桑科榕属**

性状：大乔木，株高达 15~25 米；老树常有锈褐色气根。树皮深灰色。叶薄革质，狭椭圆形，基部楔形，干后深褐色，全缘；托叶小，披针形。榕果成对腋生或生于已落叶枝叶腋，雄花、雌花和瘿花同生于一榕果内，花间有少许短刚毛；雄花无柄或具柄，散生于内壁，瘦果卵圆形。花期：5~6 月。

分布：我国华东、华南、华中、西南地区有分布。亚洲和大洋洲有分布。

用途：绿化树种；树皮纤维可制渔网，人造棉；气根、树皮和叶芽作清热解毒药；树皮亦可提取栲胶；果实可作鸟类食物。

拓展介绍：

- “直不为楹圆不轮，斧斤亦复赦渠薪。数株连碧真成菌，一胫空肥总是筋。”——杨万里《榕树》

黄葛树

Ficus virens Ait. var. *sublanceolata* (Miq.) Corner

别名：**牛奶子**
科属：**桑科榕属**

性状：半落叶乔木，高达20米，有板根或支柱根。叶薄革质或厚纸质，卵状长椭圆形。榕果单生或成对腋生，陀螺形，成熟黄色。花果期：4~7月。

分布：我国华南和西南地区有分布。热带亚洲和大洋洲也有分布。

用途：适合作行道树、园景树。

桑

Morus alba L.

别名：**家桑、桑树**

科属：**桑科桑属**

性状：乔木或为灌木，株高3~10米或更高，树皮灰色。叶卵形或广卵形，边缘锯齿粗钝，有时为各种分裂，叶背沿脉有疏毛，脉腋有簇毛；叶柄具柔毛。花单性；雄花序下垂，密被白色柔毛；雌花序被毛，总花梗被柔毛，雌花无梗，聚花果卵状椭圆形，成熟时红色或暗紫色。花期：4~5月；果期：5~8月。

分布：我国全国均有栽培。亚洲和欧洲也有栽培。

用途：根皮、果实及枝条可入药；叶为养蚕的主要饲料；木材坚硬，可制家具、乐器、雕刻等；桑椹可酿酒，称桑子酒。

拓展介绍：

● 我国的桑业生产历史悠久，约在五千年前，先民就在中原大地上开始栽植桑树。殷商时期的甲骨文中已经有“桑”字，《山海经》《尚书》《淮南子》等不少古籍中都有对桑树的描述，众多出土文物上也有桑树的形象。

杨梅科 Myricaceae

常绿或落叶乔木或灌木。单叶互生，具叶柄；托叶不存在或存在。花通常单性，生于穗状花序上。雄花单生于苞片腋内；有时存在钻形的退化子房。雌花在每一苞片腋内单生或稀 2~4 个集生；胚珠无柄，生于子房室基底或近基底处。核果小坚果状，或为球状或椭圆状的较大核果。种子直立。

杨梅

Myrica rubra Sieb. et Zucc.

别名：**山杨梅、朱红、珠蓉、树梅**

科属：**杨梅科杨梅属**

性状：常绿乔木，高可达 15 米，树冠圆球形。叶革质，无毛，常密集于小枝的上端，两年脱落。花雌雄异株。核果球状，外表面具有乳头状凸起，外果皮肉质，多汁液及树脂，味酸甜，成熟时深红色或紫红色；内果皮极硬，木质。花期：4 月；果期：6~7 月。

分布：我国华东、华南、华中和西南地区有分布。亚洲多国有分布。

用途：我国江南著名水果；树皮富于单宁，可用作赤褐色染料及医药上的收敛剂。

木麻黄科 Casuarinaceae

乔木或灌木；小枝轮生或假轮生，常有沟槽及线纹或具棱。叶退化为鳞片状，轮生成环状。花单性，雌雄同株或异株；雄花序纤细，圆柱形，穗状花序；雌花序为球形或椭圆体状的头状花序，顶生于短的侧枝上。小坚果扁平，顶端具膜质的薄翅，纵列密集于球果状的果序上；种子单生，种皮膜质，无胚乳。

木麻黄

Casuarina equisetifolia L.

别名：**驳骨树、马尾树**

科属：**木麻黄科木麻黄属**

性状：乔木，株高可达 30 米。树干通直；树冠狭长圆锥形；幼树树皮红色，老树的树皮粗糙，深褐色，不规则纵裂，内皮深红色；枝红褐色；鳞片状叶轮生，披针形或三角形，紧贴。雄花序几无总花梗，棒状圆柱形；雌花序通常顶生于近枝顶的侧生短枝上。花期：4~5 月；果期：7~10 月。

分布：生长于粤海校区杜鹃山、海边球场等地。原产澳大利亚和太平洋岛屿。我国华东、华南地区广泛栽培。亚洲和美洲均有栽培。

酢浆草科 Oxalidaceae

一年生或多年生草本，极少为灌木或乔木。指状或羽状复叶或小叶萎缩而成单叶，基生或茎生；无托叶或有而细小。花两性，单花或组成近伞形花序或伞房花序，少有总状花序或聚伞花序；萼片 5；子房上位，5 室，每室有 1 至数颗胚珠。果为开裂的蒴果或为肉质浆果。

阳桃

Averrhoa carambola L.

别名：**五敛子、五棱果、五稔、洋桃**

科属：**酢浆草科阳桃属**

性状：乔木，高可达 12 米。树皮暗灰色。奇数羽状复叶，互生；小叶卵形或椭圆形，叶面深绿色，叶背淡绿色。花小，微香，数朵至多朵组成聚伞花序或圆锥花序，花枝和花蕾深红色；萼片 5，花瓣略向背面弯卷，背面淡紫红色，边缘色较淡，有时为粉红色或白色。雄蕊 5~10 枚；子房 5 室。浆果肉质，下垂，有 5 棱，横切面呈星芒状。种子黑褐色。花期：4~12 月；果期：7~12 月。

分布：原产马来西亚、印度尼西亚。现广植于热带各地。

用途：果生津止渴，亦入药。

红花酢浆草

Oxalis corymbosa DC.

别名：**酸浆草、酸酸草、斑鸠酸**

科属：**酢浆草科酢浆草属**

性状：多年生草本，高 10~30 厘米。叶基生或茎上互生；托叶小，长圆形或卵形，边缘被密长柔毛；小叶倒心形，先端凹入，基部宽楔形，无柄。花单生或数朵集为伞形花序状，腋生；花瓣红色，5 枚，倒心形。蒴果长圆柱形；种子长卵形，褐色或红棕色，具横向肋状网纹。花果期：2~9 月。

分布：学校荔枝林内常见。世界广布。

用途：全草入药，解热利尿，消肿散淤；茎叶含草酸，可用以磨镜或擦铜器。

藤黄科 Guttiferae

乔木或灌木，稀为草本，在裂生的空隙或小管道内含有树脂或油。叶为单叶，全缘，对生或有时轮生。花序各式，聚伞状，或伞状，或为单花；小苞片通常生于花萼之紧接下方。花两性或单性，轮状排列或部分螺旋状排列，通常整齐。果为蒴果、浆果或核果；种子1至多颗，完全被直伸的胚所充满，假种皮有或不存在。

菲島福木

Garcinia subelliptica Merr.

别名：**福木、福树**

科属：**藤黄科藤黄属**

性状：乔木，高可达20余米，小枝坚韧粗壮。叶片厚革质，卵状长圆形，叶面深绿色，具光泽，叶背黄绿色，网脉明显。雄花和雌花通常混合在一起，簇生或单生于落叶腋部，有时雌花成簇生状，雄花成假穗状；花瓣倒卵形，黄色。浆果宽长圆形，成熟时黄色，外面光滑。

分布：我国华东地区有分布。亚洲地区广泛分布。

用途：树姿优美，常见于庭园、校园绿化；为沿海地区营造防风林的理想树种；其树脂可作黄色染料；木材可供建材用。

西番莲科 Passifloraceae

草质或木质藤本，稀为灌木或小乔木。腋生卷须卷曲。单叶、稀为复叶，互生或近对生，全缘或分裂，具柄，常有腺体，通常具托叶。聚伞花序腋生。花辐射对称，两性、单性、罕有杂性；萼片 5 枚；花瓣 5 枚。果为浆果或蒴果，不开裂或室背开裂；种子数颗，种皮具网状小窝点。

洋红西番莲

Passiflora coccinea Aubl.

别名：**红花西番莲**

科属：**西番莲科西番莲属**

性状：多年生常绿攀缘藤本 。蔓长可达数米；茎圆柱状或稍有棱，具卷须。叶互生，阔心形，掌状 5 裂，叶基部有腺体。花单生于叶腋，花形奇特，层层叠叠；花被片长披针形，红色；副花冠 3 轮，丝状。浆果卵圆形，黄色。花期：夏、秋季。

分布：原产南美尼加拉瓜、秘鲁等国，我国南方有栽培。

用途：优良藤蔓观花植物，可供篱园廊架装饰。

杨柳科 Salicaceae

落叶乔木或直立、垫状和匍匐灌木。树皮光滑或开裂粗糙，通常味苦，有顶芽或无顶芽。单叶互生，稀对生。花单性，雌雄异株，罕有杂性；柔荑花序，直立或下垂，花着生于苞片与花序轴间，苞片脱落或宿存；基部有杯状花盘或腺体，稀缺如。蒴果 2~4(~5) 瓣裂。种子微小，种皮薄。

垂柳

Salix babylonica L.

别名：**福木、福树**

科属：**杨柳科柳属**

性状：乔木，高达 12~18 米，树冠开展而疏散。树皮灰黑色，不规则开裂；枝细，下垂，淡褐黄色、淡褐色或带紫色，无毛。芽线形，先端急尖。叶狭披针形，托叶仅生在萌发枝上，斜披针形，边缘有齿牙。花序先叶开放，或与叶同时开放；蒴果绿黄褐色。花期：3~4 月；果期：4~5 月。

分布：生长于粤海与丽湖校区水边。产长江流域与黄河流域，其他各地均栽培。在亚洲、欧洲、美洲各国均有引种。

用途：为优美的绿化树种；木材可供制家具；枝条可编筐；树皮含鞣质，可提制栲胶；叶可作饲料。

大戟科 Euphorbiaceae

乔木、灌木或草本；常有乳状汁液，白色，稀为淡红色。叶互生，少有对生或轮生；花单性，雌雄同株或异株，单花或组成各式花序；雄花常有退化雌蕊；子房上位，3 室。果为蒴果；种子常有显著种阜，胚乳丰富、肉质或油质，子叶通常扁而宽。

石栗

Aleurites moluccana (L.) Willd.

科属：**大戟科石栗属**

性状：常绿乔木。高达 18 米，树皮暗灰色，浅纵裂至近光滑；嫩枝密被灰褐色星状微柔毛。叶纸质，卵形至椭圆状披针形。嫩叶两面被星状微柔毛，成长叶叶背疏生星状微柔毛或几无毛。花雌雄同株。核果近球形或稍偏斜的圆球状；种子圆球状，侧扁。花期：4~10 月；果期：10~12 月。

分布：生长于粤海校区友谊林内。我国华南和西南地区有分布。亚洲地区有分布。

用途：庭院风景树或行道树；种仁含油达 65 %，油为油漆、涂料等原料；树皮可提制栲胶。

秋枫

Bischofia javanica Bl.

别名：**万年青树、赤木、茄冬**

科属：**大戟科秋枫属**

性状：常绿或半常绿大乔木，高达40米。树干圆满通直，分枝低，主干较短；树皮灰褐色至棕褐色，近平滑。三出复叶；小叶片纸质，椭圆形、倒卵形或椭圆状卵形，顶端急尖或短尾状渐尖，基部宽楔形至钝，边缘有浅锯齿。花小，多朵圆锥花序腋生。果实浆果状，淡褐色；种子长圆形。花期：4~5月；果期：8~10月。

分布：生长于粤海校区红豆斋前。我国华东、华南、华中、西南地区有分布。亚洲和大洋洲有分布。

用途：绿化树种；可供建筑、桥梁、车辆、造船、矿柱、枕木等用；果肉可酿酒；树皮可提取红色染料；药用。

黑面神

Breynia fruticosa (L.) Müll. Arg.

别名：**漆舅、钟馗草、狗脚刺**

科属：**大戟科黑面神属**

性状：灌木，高 1~3 米。茎皮灰褐色，枝条上部紫红色，全株无毛。叶片革质，卵形、阔卵形或菱状卵形；托叶三角状披针形。花小，单生或簇生于叶腋内；花萼陀螺状；雄蕊合生呈柱状；花萼钟状顶端近截形，上部辐射张开呈盘状；子房卵状。蒴果圆球状，有宿存的花萼。花期：4~9 月；果期：5~12 月。

分布：生长于粤海校区杜鹃山上。我国华南、华东、西南地区有分布。

用途：种子含脂肪油；根、叶供药用。

土蜜树

Bridelia tomentosa Bl.

别名：**逼迫子、夹骨木、猪牙木**

科属：**大戟科土蜜树属**

性状：直立灌木或小乔木植物，通常高 2~5 米。枝条细长，树皮深灰色。叶片纸质。花雌雄同株或异株，核果近圆球形。花果期：几乎全年。

分布：生长于粤海校区杜鹃山上。我国华东、华南、西南地区有分布。亚洲和大洋洲有分布。

用途：观赏；药用。

变叶木

Codiaeum variegatum (L.) Rump. ex A. Juss.

别名：**洒金榕**

科属：**大戟科变叶木属**

性状：灌木或小乔木，高可达 2 米。枝条无毛，有明显叶痕。叶薄革质，形状大小变异很大。总状花序腋生，雌雄同株异序。蒴果近球形，稍扁，无毛。花期：9~10 月。

分布：原产于亚洲马来半岛至大洋洲；现广泛栽培于热带地区。我国南部各地常见栽培。

用途：著名观叶植物，乳汁有毒。

金刚纂

Euphorbia neriifolia L.

别名：**麒麟簕**

科属：**大戟科大戟属**

性状：肉质灌木，具丰富的乳汁。茎高 5~7 米，上部具数个分枝，幼枝绿色。叶互生，倒披针形至匙形，先端钝或近平截，基部渐窄，边缘全缘，密集于分枝顶端。花序二歧聚伞状着生于节间凹陷处，且常生于枝的顶部；花序基部具柄。蒴果三棱状，平滑无毛，灰褐色。种子圆柱状，褐色，腹面具沟纹。花果期：5~7 月。

分布：我国华南和西南地区有分布。亚洲地区有分布。

用途：可庭园栽植，具有很高的观赏性。

一品红

Euphorbia pulcherrima Willd. ex Klot.

别名：**象牙红、圣诞花、猩猩木**

科属：**大戟科大戟属**

性状：灌木，高1~3米。茎直立，根圆柱状，分枝极多。叶互生，绿色，卵状椭圆形、长椭圆形或披针形，苞叶朱红色，狭椭圆形。花序数个聚伞排列于枝顶；总苞坛状，淡绿色，边缘齿状裂片三角形；苞片丝状。蒴果三棱状圆形。种子卵状，无种阜，灰色或淡灰色。花果期：10月至翌年4月。

分布：我国绝大部分地区均有栽培。原产中美洲，广泛栽培于热带和亚热带。

用途：茎叶可入药，有消肿的功效，可治跌打损伤。

红背桂

Excoecaria cochinchinensis Lour.

别名：**红紫木、紫背桂、青紫桂**

科属：**大戟科海漆属**

性状：常绿灌木，高达 1 米；枝无毛，具多数皮孔。叶对生，纸质，叶片狭椭圆形或长圆形，顶端长渐尖，基部渐狭，边缘有疏细齿，两面均无毛，叶面绿色，叶背紫红色或血红色；托叶卵形，顶端尖。花单性。蒴果球形，基部截平，顶端凹陷；种子近球形。花期：几乎全年。

分布：校园常见栽培。我国华东、华南和西南地区有分布。亚洲东南部各国也有分布。

用途：用于庭园、公园、居住小区绿化；全草入药。

琴叶珊瑚

Jatropha integerrima Jacq.

别名：**琴叶樱**

科属：**大戟科麻疯树属**

性状：常绿灌木，高 1~3 米。全株被柔毛，具淡白色汁液。单叶互生，丛生于枝条顶端，倒阔披针形；叶基有锐刺，叶面浓绿色，叶背紫绿色。聚伞花序腋生，花瓣 5 片，花冠红色；雌雄同株，着生于不同的花序上。蒴果成熟时呈黑褐色。花期：几乎全年。

分布：生长在丽湖校区学生宿舍风信子周边。原产于中美洲西印度群岛，广泛栽培于热带亚热带地区。

用途：观赏植物。

血桐

Macaranga tanarius var. *tomentosa* (Bl.) Müll. Arg.

别名：**面头果、帐篷树、红合儿树、毛桐**

科属：**大戟科血桐属**

性状：常绿乔木，高 5~10 米。嫩枝、嫩叶、托叶均被黄褐色柔毛。叶纸质，盾状着生，全缘或叶缘具浅波状小齿。雄、雌花序圆锥状；雌花子房近脊部具软刺数枚，花柱稍舌状，疏生小乳头。蒴果具 2~3 个分果爿，密被颗粒状腺体和数枚软刺。种子近球形。花期：4~5 月；果期：6 月。

分布：我国华南地区有分布。

用途：速生树种，木材可供建筑用材，可作行道树。

蓖麻

Ricinus communis L.

科属：**大戟科蓖麻属**

性状：一年生粗壮草本或草质灌木，高达 5 米；小枝、叶和花序通常被白霜。叶掌状，裂片卵状长圆形或披针形，边缘具锯齿。托叶长三角形，早落。总状花序或圆锥花序，花柱红色。蒴果卵球形或近球形，果皮平滑或具软刺；种子椭圆形，平滑，斑纹淡褐色或灰白色。花期：几全年；果期：10~12 月。

分布：生长于粤海校区杜鹃山上。原产非洲。现广布于全世界热带地区或栽培于热带至温暖带各国。

用途：种子可榨油，是工业用油原料较优良的润滑油，也可制皂及印刷油等；医药上是一种缓泻剂；根、茎、叶、种子均可入药，有祛湿通络、消肿拔毒之效。

扩展介绍：

- 虽然蓖麻可入药，但种子含蓖麻毒蛋白及蓖麻碱，若误食过量的种子，会导致中毒。

叶下珠科 Phyllanthaceae

乔木、灌木、草本，稀藤本；植物体大多数无乳汁管组织。多为单叶，稀三出复叶，常全缘；有托叶。花序各式；有花瓣及花盘；萼片通常5；雄蕊少数至多数，通常分离；子房3-12室，每室有2颗胚珠。果实为蒴果、核果或浆果状；种子无种阜，胚乳丰富，肉质，胚直立，子叶宽而扁。

余甘子

Phyllanthus emblica L.

别名：**庵摩勒、米含、望果**

科属：**叶下珠科叶下珠属**

性状：乔木，高达23米。叶片纸质至革质，二列，线状长圆形，顶端截平或钝圆，基部浅心形而稍偏斜；托叶三角形，褐红色。聚伞花序腋生。蒴果呈核果状，圆球形，外果皮肉质，绿白色或淡黄白色，内果皮硬壳质；种子略带红色。花期：4~6月；果期：7~9月。

分布：生长于粤海校区深大幼儿园附近。我国华东、华南和西南地区有分部。亚洲和美洲有分布。

用途：可作为荒山荒地酸性土造林的先锋树种；果实味苦甘，富含丰富的丙种维生素；树根和叶供药用。

扩展介绍：

- 余甘子初食味道酸涩，良久乃甘，故名“余甘子”，闽南亦有民谣“甘回味甜，越吃越少年”。
- 余甘子与佛教渊源颇深，《梵书》称之为庵摩勒，《楞严经》有云：“而阿那律，见阎浮提，如观掌中，庵摩罗果”，由此，余甘子也被称作为佛教“圣果”。

使君子科 Combretaceae

乔木、灌木或稀木质藤本，有些具刺。单叶对生或互生，极少轮生，具叶柄，无托叶。叶基、叶柄或叶下缘齿间具腺体。花通常两性，有时两性花和雄花同株，辐射对称，偶有左右对称，由多花组成头状花序、穗状花序、总状花序或圆锥花序，萼片 4~5(~8)；花瓣 4~5 或不存在；子房下位，1 室，胚珠 2~6 颗。坚果、核果或翅果；种子 1 颗。

使君子

Quisqualis indica L.

别名：**留求子、史君子、五棱子**

科属：**使君子科使君子属**

性状：攀缘状灌木，高 2~8 米。叶对生或近对生，叶片膜质，卵形或椭圆形，先端短渐尖，基部钝圆。顶生穗状花序，组成伞房花序式；花瓣白色转淡红色。果卵形，短尖，具明显的锐棱角，成熟时外果皮脆薄，呈青黑色或栗色；种子圆柱状纺锤形，白色。花期：初夏；果期：秋末。

分布：生长于粤海校区文山湖中间的亭子棚架上及小东门等地。我国华东、华南、华中和西南地区有分布。亚洲有分布。

用途：常作绿化观赏树种，种子为有效的驱蛔药。

扩展介绍：

● 使君子始记载于《南方草木状》，原名留求子，云："形如栀子，棱瓣深而两头尖，似诃梨勒而轻，及半黄已熟，中有肉白色，甘如枣，核大。治婴孺之疾。南海交趾俱有之。"《开宝本草》始名使君子。

阿江榄仁

Terminalia arjuna Wight et Arn.

别名：三果木、柳叶榄仁

科属：使君子科榄仁属

性状：乔木，叶片长卵形，冬季落叶前叶色不变红。核果果皮坚硬，近球形。

分布：为校内常见行道树。原产东南亚地区。我国华南地区有分布。

用途：阿江榄仁木材坚硬，可用于造船、建房等；也可以作为园林绿化树种，具有较好的观赏价值。

小叶榄仁

Terminalia mantaly H. Perrier

别名：**细叶榄仁、非洲榄仁树、雨伞树**

科属：**使君子科榄仁属**

性状：落叶乔木，株高 10~15 米。主干直立，侧枝轮生，水平展开；树冠层伞形，层次分明，质感轻细。叶小，提琴状倒卵形，全缘，羽状脉，叶轮生，深绿色，冬季落叶前变红或紫红色。穗状花序腋生，无花瓣，子房下位，花柱单生伸出。核果纺锤形。

分布：生长在丽湖校区惟品门至 A6 办公楼大路两旁。原产非洲。我国华东和华南地区有栽培。

用途：树形虽高、但枝干极为柔软，可抗强风吹袭，为优良的海岸树种。

美洲榄仁

Terminalia muelleri Benth.

别名：**卵果榄仁**

科属：**使君子科榄仁属**

性状：落叶乔木，叶卵状椭圆形，冬季落叶叶色变红。核果，椭圆形，绿色，成熟时为紫黑色，无纵棱。

分布：校内见于粤海校区文山湖餐厅门前的草坪上，友谊林内也有栽培。原产美洲热带。我国华南地区有栽培。

用途：观赏树种。

千屈菜科 Lythraceae

草本、灌木或乔木。叶对生，稀轮生或互生；托叶细小或无托叶。两性，通常辐射对称，稀左右对称，单生或簇生，或组成顶生或腋生的穗状花序、总状花序或圆锥花序；花萼3~6裂，很少至16裂；子房上位，通常无柄，2~16室，每室具倒生胚珠数颗，极少减少1~2（~3）颗。蒴果革质或膜质，2~6室，稀1室；种子多数，形状不一，有翅或无翅。

紫薇

Lagerstroemia indica L.

别名：**痒痒花、痒痒树、紫金花**

科属：**千屈菜科紫薇属**

性状：落叶灌木或小乔木，高可达7米。叶互生或有时对生，椭圆形或倒卵形，顶端短尖或钝形，有时微凹，基部阔楔形或近圆形。花常成顶生圆锥花序，淡红色或紫色、白色。蒴果椭圆状球形或阔椭圆形，幼时绿色至黄色，成熟或干燥时呈紫黑色，室背开裂。种子有翅。花期：6~9月；果期：9~12月。

分布：生长在丽湖校区材料学院大楼旁边。原产亚洲。我国全国各地均有栽培。

用途：庭园观赏树，有时亦作盆景；木材可作农具、家具、建筑等用材；树皮、叶、花及根均可入药。

大花紫薇

Lagerstroemia speciosa (L.) Pers.

别名：**大叶紫薇、百日红**

科属：**千屈菜科紫薇属**

性状：乔木，高可达25米。叶大，革质，矩圆状椭圆形或卵状椭圆形，顶端钝形或短尖，基部阔楔形至圆形。花淡红色或紫色，顶生圆锥花序；花瓣近圆形至矩圆状倒卵形。蒴果球形或倒卵状矩圆形，褐灰色；种子多数。花期：5~7月；果期：10~11月。

分布：我国华东、华南地区有栽培。亚洲地区广泛分布。

用途：常栽培庭园供观赏；木材常用于家具及建筑等，也作水中用材；树皮及叶可作泻药；根含单宁，可作收敛剂。

石榴

Punica granatum L.

别名：**安石榴、山力叶、丹若**

科属：**千屈菜科安石榴属**

性状：落叶灌木或乔木，高 3~5 米。叶常对生，纸质，矩圆状披针形，顶端短尖、钝尖或微凹，基部短尖至稍钝形。花大，生于枝顶，花瓣红色、黄色或白色，顶端圆形。浆果近球形，淡黄褐色或淡黄绿色，有时白色，稀暗紫色，外种皮肉质。

分布：原产巴尔干半岛至伊朗及其邻近地区。现全世界的温带和热带地区都有种植。

用途：果可食用；果皮入药，称石榴皮；树皮、根皮和果皮均含多量鞣质，可提制栲胶；各地公园和风景区常有种植。

扩展介绍：

- 石榴原产波斯（今伊朗）一带，公元前二世纪时传入中国。据晋·张华《博物志》载："汉张骞出使西域，得涂林安石国榴种以归，故名安石榴。"
- 中国人视石榴为吉祥物，象征多子多福。
- 花语：成熟的美丽。

柳叶菜科 Onagraceae

一年生或多年生草本，有时为半灌木或灌木，稀为小乔木，有的为水生草本。叶互生或对生；托叶小或不存在。花两性，稀单性，辐射对称或两侧对称，单生于叶腋或排成顶生的穗状花序、总状花序或圆锥花序。萼片（2~）4或5；花瓣（0~2~）4或5；子房下位，（1~2~）4~5室，每室有少数或多数胚珠。果为蒴果，有时为浆果或坚果。种子为倒生胚珠，多数或少数。

毛草龙

Ludwigia octovalvis (Jacq.)Raven

别名：**草里金钗、锁匙筒、水仙桃**

科属：**柳叶菜科丁香蓼属**

性状：多年生粗壮直立草本，高50~200厘米，常被伸展的黄褐色粗毛。叶披针形至线状披针形，先端渐尖或长渐尖，基部渐狭，托叶小，三角状卵形，或近退化。花瓣黄色，倒卵状楔形，先端钝圆形或微凹，基部楔形。种子每室多列，离生，近球状或倒卵状。花期：7~10月。

分布：生长于粤海校区文山湖周围及丽湖校区大沙河边。我国华东、华南和西南地区有分布。世界热带与亚热带广布。

用途：药用，具有清热利湿、解毒消肿之功效。

桃金娘科 Myrtaceae

乔木或灌木。单叶对生或互生，无托叶。花两性，有时杂性，单生或排成各式花序；萼片4~5或更多，有时黏合；花瓣4~5，有时不存在，分离或连成帽状体；子房下位或半下位，心皮2至多个，1室或多室，少数的属出现假隔膜，胚珠每室1至多颗。果为蒴果、浆果、核果或坚果，有时具分核，顶端常有凸起的萼檐；种子1至多颗。

垂枝红千层

Callistemon viminalis G. Don.

别名：**串钱柳、瓶刷子树、多花红千层**

科属：**桃金娘科红千层属**

性状：常绿灌木或小乔木。嫩枝圆柱形，细长下垂，有丝状柔毛。叶片革质，呈披针形至线状披针形，先端渐尖或短尖，基部渐狭，两面均密生有黑色腺点。穗状花序稠密，花瓣膜质，近圆形，呈淡绿色。蒴果碗状或半球形，顶端截平而微有收缩，结成时紧贴在枝条上。

分布：生长在粤海校区天人广场。原产澳大利亚。我国华南地区有栽培。

用途：庭园观赏。

扩展介绍：

- 串钱柳得名于它独特的果实，木质蒴果紧贴在枝条上，略圆且数量繁多，好像中国古代的铜钱串在一起。

柠檬桉

Eucalyptus citriodora Hooker

别名：**白桉、油桉**

科属：**桃金娘科桉属**

性状：大乔木，高可达28米，树干挺直。树皮光滑，灰白色，大片状脱落。幼叶披针形，基部圆形；成熟叶片狭披针形，稍弯曲，两面有黑腺点，揉之会产生浓厚的柠檬气味。圆锥花序腋生，花蕾长倒卵形，花药椭圆形，蒴果壶形。花期：4~9月。

分布：生长于粤海校区文山湖畔。原产澳大利亚。我国华东、华南地区有栽培。

用途：多作行道树；木材纹可造船；枝叶可提取芳香油；叶及精油供药用，能消炎杀菌、祛风止痛。

红果仔

Eugenia uniflora L.

别名：**巴西红果、番樱桃、蒲红果**

科属：**桃金娘科番樱桃属**

性状：灌木或小乔木，高可达 5 米。叶片纸质，卵形至卵状披针形，先端渐尖或短尖，钝头，基部圆形或微心形。花白色，稍芳香，单生或数朵聚生于叶腋。浆果球形，成熟时深红色。花期：春季。

分布：生长于粤海校区友谊林内。原产巴西。我国南部地区有少量栽培。

用途：果肉多汁，稍带酸味，可食，并可制成软糖；又可栽植于盆中，结实时红果累累，极为美观。

白千层

Melaleuca cajuputi subsp.*cumingiana* (Turcz.) Barlow

别名：脱皮树、千层皮、玉树、白千层、玉蝴蝶

科属：桃金娘科白千层属

性状：乔木，高 18 米；树皮灰白色，厚而松软，呈薄层状剥落；嫩枝灰白色。叶互生，叶片革质，披针形或狭长圆形，两端尖，香气浓郁；花白色，密集于枝顶成穗状花序，花瓣卵形，蒴果近球形。花期：11 月。

分布：粤海校区海边球场附近。原产澳大利亚。我国华东和华南地区有栽培。

用途：常植道路旁作行道树，树皮易引起火灾，不宜于造林；树皮及叶供药用，有镇静神经之效；枝叶含芳香油，供药用及防腐剂。

扩展介绍：

- 白千层树皮多层，是以得名。

番石榴

Psidium guajava L.

别名：**芭乐、鸡屎果、拔子**

科属：**桃金娘科番石榴属**

性状：乔木，高达13米。树皮平滑，灰色，片状剥落。叶片革质，长圆形至椭圆形，先端急尖或钝，基部近圆形。花单生或排成聚伞花序，花瓣白色。浆果球形、卵圆形或梨形，顶端有宿存萼片。

分布：原产南美洲。我国华南地区有分布。

用途：果实供食用；叶含挥发油及鞣质等，供药用；叶经煮沸去掉鞣质，晒干可作茶叶用；树皮为收敛止泻剂；可作园林绿化。

海南蒲桃

Syzygium hainanense Hung T. Chang et R. H. Miao

别名：**乌墨、乌楣**

科属：**桃金娘科蒲桃属**

性状：乔木，高可达15米。嫩枝圆形，老枝灰白色。叶片革质，椭圆形，先端急长尖，基部阔楔形，叶面干后褐色，稍有光泽，多腺点，叶背红褐色，侧脉多而密。果序腋生；果实椭圆形或倒卵形。

分布：生长于粤海校区近文山湖路旁。我国华东、华南及西南地区有分布。亚洲和大洋洲有分布。

用途：木材可作造船、建筑、家具和农具等用材；树皮含单宁，可作栲胶原料；果可食；优良的观赏树种。

蒲桃

Syzygium jambos (L.) Alston

别名：**水蒲桃、香果、响鼓**

科属：**桃金娘科蒲桃属**

性状：乔木，高 10 米，分枝广。叶片革质，披针形或长圆形，先端长渐尖，基部阔楔形，叶面多透明细小腺点。聚伞花序顶生，有花数朵，花白色，花瓣分离，阔卵形。果实球形，果皮肉质，成熟时黄色，有油腺点。花期：3~4 月；果期：5~6 月。

分布：生长于粤海校区荔山餐厅门前和丽湖校区体育馆周边。我国华东、华南、西南地区有分布。亚洲有分布。

用途：果味香甜，水分少，为常见热带水果之一；可栽作庭荫树及固堤、防风树种。

水翁蒲桃

Syzygium nervosum Candolle

别名：**大叶水榕树**

科属：**桃金娘科蒲桃属**

性状：乔木，高达 15 米。多分枝，小枝扁平。叶片长圆形至椭圆形，基部宽楔形到略圆，先端锐渐尖，薄革。花序横向上叶分枝；雄蕊 5~8 毫米。果实紫色到黑色时成熟，宽卵形。花期：5~6 月。

分布：生长于丽湖校区大沙河畔。产我国华南、西南地区。分布于南亚、东南亚及澳大利亚。

用途：花及叶供药用，治感冒；根可治黄疸性肝炎。

金丝蒲桃

Xanthostemon chrysanthus (F.Muell.) Benth.

别名：**水蒲桃、香果、响鼓**

科属：**桃金娘科金丝蒲桃属**

性状：常绿小乔木，树皮黑褐色。叶片革质，假轮生，聚生于枝顶，叶长圆形或卵状披针形，全缘。聚伞花序簇生枝顶，花序呈球状；花瓣退化，花萼倒卵状圆形；花丝金黄色，呈放射状。全年有花，盛花期为 11 月至翌年 2 月。

分布：原产澳大利亚，我国南方有栽培。

用途：适宜做园景树、行道树。

扩展介绍：

- 澳大利亚昆士兰省凯恩斯市花。盛花期满树金黄，极为亮丽壮观，被称为“黄金熊猫”。

野牡丹科 Melastomataceae

草本、灌木或小乔木。单叶，对生或轮生，叶片全缘或具锯齿。花两性，辐射对称，通常为 4~5 数；花瓣通常具鲜艳的颜色，着生于萼管喉部，与萼片互生；雄蕊为花被片的 1 倍或同数；子房下位或半下位，稀上位，胚珠多数或数枚。蒴果或浆果，通常顶孔开裂；种子极小，无胚乳。

巴西野牡丹

Tibouchina semidecandra (Schrank et Mar. ex DC.) Cogn.

科属：**野牡丹科蒂牡丹属**

性状：灌木或小乔木，高 0.3~0.6 米。枝条红褐色。叶长椭圆形，叶背有细柔毛，深绿色。花大，顶生，深紫色至紫红色；花蕊白色。花期：5 月至翌年 1 月。

分布：生长在粤海校区友谊林。我国华南地区有栽培。热带、亚热带地区广泛分布。

用途：宜植盆栽或庭院花坛种植，有很高的观赏价值。

漆树科 Anacardiaceae

乔木或灌木，稀为木质藤本或亚灌木状草本，韧皮部具裂生性树脂道。叶互生，稀对生，无托叶或托叶不显。花小，辐射对称，两性或多为单性或杂性，排列成顶生或腋生的圆锥花序；花萼多少合生，3~5 裂，极稀分离；子房上位，少有半下位或下位，通常 1 室，少有 2~5 室，每室有胚珠 1 颗。果多为核果，有的花后花托肉质膨大呈棒状或梨形的假果或花托肉质下凹包于果之中下部，1 室或 3~5 室，每室具种子 1 颗。

人面子

Dracontomelon duperreanum Pierre

别名：**人面树、银莲果**

科属：**漆树科人面子属**

性状：常绿大乔木，高达 20 余米。奇数羽状复叶，叶轴和叶柄具条纹；小叶互生，长圆形，近革质，叶背脉腋具灰白色髯毛。圆锥花序顶生或腋生；花白色，花瓣披针形或狭长圆形，开花时外卷。核果扁球形，成熟时黄色，果核压扁，上面盾状凹入。

分布：粤海校区常见栽培。我国华南和西南地区有分布。亚洲地区有分布。

用途：果可药用，解毒；果肉供生食或制食品用；木材耐朽力强，可为建筑用材。

扩展介绍：

- 人面子以其果核像人脸而得名。

杧果

Mangifera indica L.

别名：**芒果、马蒙、抹猛果、莽果**

科属：**漆树科杧果属**

性状：常绿大乔木，高 10~20 米。叶薄革质，常集生枝顶，通常为长圆形或长圆状披针形，边缘呈皱波状。圆锥花序，被灰黄色微柔毛；花小，黄色或淡黄色，杂性；花瓣长圆形或长圆状披针形，开花时外卷。核果大，肾形，成熟时黄色，中果皮肉质，肥厚，鲜黄色，味甜，果核坚硬。花期：春季；果期：夏秋。

分布：校园内常见栽培。我国华东和华南地区有分布。亚洲地区亦有分布。

用途：杧果为著名热带水果，亦可酿酒；果皮和果核入药；叶和树皮可作黄色染料；木材宜作舟车或家具等；良好的庭园和行道树种。

扩展介绍：

● 在印度佛教的寺院里都能见到杧果树的叶、花和果的图案，印度教徒认为杧果花的五瓣代表爱神卡马德瓦的五支箭，并用杧果来供奉女神萨拉斯瓦蒂。

无患子科 Sapindaceae

乔木或灌木，有时为草质或木质藤本。叶互生，通常无托叶。聚伞圆锥花序顶生或腋生；花单性，很少杂性或两性，辐射对称或两侧对称；雄花：萼片 4 或 5，有时 6 片；雌花：子房上位，通常 3 室，很少 1 或 4 室；胚珠每室 1 或 2 颗，偶有多颗。果为室背开裂的蒴果，或不开裂而浆果状或核果状，全缘或深裂为分果爿，1~4 室；种子每室 1 颗，很少 2 或多颗。

龙眼

Dimocarpus longan Lour.

别名：**圆眼、桂圆、羊眼果树**

科属：**无患子科龙眼属**

性状：常绿乔木，高可达 10 余米。小枝粗壮，散生苍白色皮孔。小叶两侧常不对称，长圆状椭圆形，叶面深绿色，叶背粉绿色，薄革质。花序大型，多分枝，顶生和近枝顶腋生，密被星状毛；花瓣披针形，乳白色。果近球形，通常黄褐色，外面稍粗糙或少有微凸的小瘤体。种子茶褐色，光亮，为肉质的假种皮所包裹。花期：春夏间；果期：夏季。

分布：深圳大学广泛分布。我国华东、华南和西南地区有分布。亚洲南部和东南部常有栽培。

用途：常见水果；因其假种皮富含维生素和磷质，有益脾、健脑的作用，故亦入药；种子含淀粉，经适当处理后，可酿酒；木材是造船、家具、细工等的优良用材。

扩展介绍：

- 龙眼因为其种子圆而具黑色光泽，种脐凸起呈白色，极似传说中“龙”的眼睛而得名。

复羽叶栾树

Koelreuteria bipinnata Franch.

科属：**无患子科栾树属**

性状：乔木，高可达 20 余米。二回羽状复叶，小叶多互生，斜卵形，边缘有内弯的小锯齿，纸质或近革质。大型圆锥花序；萼裂片阔卵状三角形或长圆形；花瓣长圆状披针形。蒴果椭圆形或近球形，淡紫红色，老熟时褐色，有小凸尖。种子近球形。花期：7~9 月；果期：8~10 月。

分布：生长于粤海校区。我国华东、华南、华中和西南地区均有分布。

用途：其嫩叶在春季呈紫红色，夏季黄花满树，秋天叶金黄色，果实紫红色似灯笼，常栽培于庭园供观赏，具很高的观赏价值；木材可制家具；根入药；花能清肝明目、清热止咳。

荔枝

Litchi chinensis Sonn.

别名：**离枝**

科属：**无患子科荔枝属**

性状：常绿乔木，高通常不超过 10 米，树皮灰黑色。小枝圆柱状，褐红色，密生白色皮孔。小叶披针形或卵状披针形，全缘，叶面深绿色，有光泽，叶背粉绿色，薄革质或革质，两面无毛。花序顶生，多分枝；萼被金黄色短绒毛。果卵圆形至近球形，成熟时通常暗红色至鲜红色。种子全部被肉质假种皮包裹。花期：春季；果期：夏季。

分布：深圳大学常见栽培。我国华东、华南和西南地区均有分布。亚洲东南部也有栽培，非洲、美洲和大洋洲都有引种的记录。

用途：可食用；核入药为收敛止痛剂；木材为上等名材；花多，富含蜜腺，是重要的蜜源植物。

扩展介绍：

- 荔枝在国内的栽培历史由来已久，早在唐朝便有杨贵妃嗜荔枝一说，杜牧也有诗云“一骑红尘妃子笑，无人知是荔枝来”。
- 荔枝的栽培品种很多，可以从叶、树干、果实和龟裂片的显著度等性状来区分校园内常见的荔枝品种。

品种	叶	树干	果实	龟裂片
‘桂味’	叶片长椭圆形，小叶对生、间有互生，叶色淡绿有光泽	树皮灰褐色，较平滑，枝条疏散细长，易折断	果中等大，圆球形或近圆球形，果皮浅红色，皮薄且脆，细核；肉质爽脆、清甜，有桂花味	凸起呈不规则圆锥状，裂片峰尖锐刺手，裂纹显著，缝合线明显，窄深且有些凹陷
‘黑叶’	叶片披针形，小叶对生，叶色浓绿有光泽，叶面及叶缘平展或微波浪形	树冠半圆头形，树皮深褐色，表皮粗糙，纵裂明显，枝条较粗长而疏	果中等大，歪心形，果皮紫红色，薄且韧	较大，有淡黄色的放射线，不规则排列；裂片峰平滑，缝合线不明显
‘淮枝’	叶片短椭圆头形，叶尖短尖，叶缘平直，略内卷	树冠半圆头形，枝梢短硬而密	果中等大，近圆球形或圆球形，果皮暗红色，厚而韧	平滑或稍隆起，排列不规则，裂片峰平滑，裂纹浅
‘糯米糍’	小叶披针形，叶缘呈波纹状	树冠圆头形或伞形，分枝角度大，小枝较柔软下垂	果形较大，扁心形，果皮色泽鲜红间蜡黄，核小，果皮棘感不明显	纵向明显，粗且平缓，无刺手感

芸香科 Rutaceae

常绿或落叶乔木，灌木或草本，稀攀缘性灌木。通常有油点，无托叶。叶互生或对生。花两性或单性，稀杂性同株；聚伞花序，稀总状或穗状花序，更少单花，甚或叶上生花；萼片4或5片；子房上位，稀半下位，每心皮有上下叠置、稀两侧并列的胚珠2颗，稀1颗或较多。果为蓇葖、蒴果、翅果、核果，或具革质果皮、或具翼、或果皮稍近肉质的浆果。

柠檬

Citrus limon (L.) Osbeck

别名：**柠果、洋柠檬、益母果、益母子**

科属：**芸香科柑橘属**

性状：多年生常绿植物，高3~5米。枝少刺或近于无刺。嫩叶及花芽暗紫红色，翼叶宽或狭，叶片厚纸质，卵形或椭圆形，顶部通常短尖，边缘有明显钝裂齿。单花腋生或少花簇生；花萼杯状；花瓣淡黄绿色微带浅紫色。果椭圆形或卵形，两端狭，顶部狭长并有乳头状突尖，果皮厚，檬黄色，富含柠檬香气，瓢囊8~11瓣，汁胞淡黄色，果汁酸。种子小，卵形。花期：4~5月；果期：9~11月。

分布：产我国长江以南地区。亚洲、北美洲、欧洲地中海沿岸、东南亚和美洲等地有分布。

用途：果实富含维生素C，有化痰、消食之功效；天然香料，种子可榨取高级食用油或者入药；为优良的庭园绿化树。

两面针

Zanthoxylum nitidum (Roxb.) DC.

别名：**钉板刺、入山虎、麻药藤**

科属：**芸香科花椒属**

性状：幼龄植株为直立的灌木，成龄植株攀缘于其他树上的木质藤本。小叶对生，成长叶硬革质，阔卵形或近圆形，或狭长椭圆形。花序腋生；花瓣淡黄绿色，卵状椭圆形或长圆形。果皮红褐色，顶端有短芒尖；种子圆珠状，腹面稍平坦。花期：3~5 月；果期：9~11 月。

产地：生长于粤海校区杜鹃山上。我国华东、华南和西南地区有分布。

用途：根、茎、叶、果皮均可入药。

扩展介绍：

- 由于其叶面和叶背都有突出的刺，故称两面针。

九里香

Murraya exotica L.

别名：石桂树

科属：芸香科九里香属

性状：常绿灌木或乔木，高可达 8 米。叶有小叶，小叶倒卵形成倒卵状椭圆形，两侧常不对称。花序通常顶生，或顶生兼腋生，花多朵聚成伞状，为短缩的圆锥状聚伞花序。花白色，芳香，花瓣长椭圆形，盛花时反折，种子有短的棉质毛。花期：4~8 月；果期：9~12 月。

分布：我国华东和华南地区有分布。

用途：华南地区多用作围篱，亦作盆景材料；花可提取芳香油；全株药用，能活血散瘀。

楝科 Meliaceae

乔木或灌木，稀为亚灌木。叶互生，很少对生；花两性或杂性异株，辐射对称，通常组成圆锥花序，间为总状花序或穗状花序；萼小，4~5 齿裂或为 4~5 萼片组成；子房上位，2~5 室，少有 1 室的，每室有胚珠 1~2 颗或更多。果为蒴果、浆果或核果。

米仔兰

Aglaia odorata Lour.

科属：**楝科米仔兰属**

性状：常绿灌木或小乔木。奇数羽状复叶，叶柄两侧及叶轴具翅；小叶纸质至近革质，倒卵形至倒披针形，基部一对常较小，等渐下延至着生处以致无小叶柄。总状花序；花小，球形；萼片先端圆或钝；花瓣黄色，肉质，阔倒卵形。浆果近球形，熟时红色，果皮肉质；种子通常一颗，种皮薄革质，褐色。

分布：校园内常见绿篱植物。我国华东、华南和西南地区有分布。亚洲各国有栽培。

用途：抗大气污染，可栽种观赏；花极芳香，常用以薰茶。

大叶山楝

Aphanamixis polystachya (Wall.) R. N. Parker

别名：**大叶沙罗、红萝木、苦柏木**

科属：**楝科山楝属**

性状：乔木，高达 30 米。叶通常为奇数羽状复叶，小叶对生，长椭圆形，革质，无毛。花序腋生，雄花组成圆锥花序式，广展，雌花和两性花组成穗状花序；花球形，萼片圆形。蒴果球状梨形，无毛；种子黑褐色，扁圆形。花期：6~8 月；果期：10 月至翌年 4 月。

分布：生长于粤海校区杜鹃山上。我国华南和西南地区有分布。亚洲各国有分布。

用途：种仁含油量高，油可供制肥皂及润滑油。

麻楝

Chukrasia tabularis A. Juss.

别名：**阴麻树、白皮香椿**

科属：**楝科麻楝属**

性状：落叶或半落叶乔木，高达25米。通常为偶数羽状复叶，无毛；小叶互生，纸质，卵形至长圆状披针形。圆锥花序顶生。花瓣黄色或略带紫色，长圆形。种子扁平，椭圆形，有膜质的翅。花期：4~5月；果期：7月至翌年1月。

分布：校园内常见栽培。我国华南、西南和西北地区有分布。亚洲各国有分布。

用途：木材易加工，耐腐，为建筑、造船、家具等良好用材；根皮可作药用。

非洲楝

Khaya senegalensis (Desr.) A. Juss.

别名：**仙加树、乌檀木、大乌檀木**

科属：**楝科非洲楝属**

性状：半落叶乔木，高达 20 米。叶互生，叶轴和叶柄圆柱形，无毛，顶端小叶长圆形或长圆状椭圆形，下部小叶卵形。圆锥花序顶生，花瓣分离，椭圆形或长圆形，无毛。种子宽，横生，椭圆形至近圆形，边缘具膜质翅。

分布：生长于粤海校区汇紫楼前。原产热带非洲和马达加斯加。我国华东和华南地区常有栽培。

用途：可作庭园树和行道树，木材还可作胶合板的材料；根可入药。

锦葵科 Malvaceae

草本、灌木至乔木。叶互生，单叶或分裂，叶脉通常掌状，具托叶。花腋生或顶生，单生、簇生、聚伞花序至圆锥花序；花两性，辐射对称；萼片3~5片，分离或合生；花瓣5片，彼此分离，但与雄蕊管的基部合生。蒴果，常几枚果爿分裂，很少浆果状，种子肾形或倒卵形，被毛至光滑无毛。

木棉

Bombax ceiba L.

别名：**红棉、英雄树、攀枝花**

科属：**锦葵科木棉属**

性状：落叶大乔木，高可达25米。树皮灰白色，幼树的树干通常有圆锥状的粗刺。掌状复叶，长圆形，顶端渐尖，全缘。花单生于枝顶叶腋，通常红色；萼杯状，内面密被淡黄色短绢毛，花瓣肉质，倒卵状长圆形。蒴果长圆形，密被灰白色长柔毛和星状柔毛；种子多数，倒卵形，光滑。花期:3~4月；果期：夏季。

分布：生长于粤海校区留学生楼周边。我国华东、华南、西南地区有分布。亚洲及大洋洲有分布。

用途：花可供蔬食或入药；根皮和树皮也可入药；果内绵毛可作枕、褥、救生圈等填充材料；种子油可作润滑油、制肥皂；可作为园庭观赏树、行道树。

扩展介绍：

- 广州市市花。以鲜艳似火的大红花，比喻英雄奋发向上的精神，因此木棉树又被誉称为“英雄树”。
- 见于学校粤海校区友谊林等地，为深圳市原粤赣湘边纵队战友联谊会于2002年5月8日种植的纪念树。

美丽异木棉

Chorisia speciosa (St.Hill) Gibbs et Semir

别名：**美人树、美丽木棉、丝木棉**

科属：**锦葵科丝木棉属**

性状：落叶乔木，高 10~15 米。树干挺拔，树皮绿色或绿褐色，韧皮纤维发达，密生圆锥状尖刺，成年树下部膨大呈酒瓶状，树冠伞形。叶互生，掌状复叶，倒卵状长椭圆形或椭圆形。花腋生或数朵聚生枝端，略芳香；花瓣淡紫红色，边缘波状而略反卷。蒴果纺锤形，内有棉毛。种子多数，近球形。花期：秋、冬季；果期：5 月成熟。

分布：生长在粤海校区汇紫楼 A 座前和丽湖校区学生宿舍的胡杨林周边。原产于南美洲，热带亚热带地区多有栽培。

用途：为优良的庭园观赏树、行道树，有较强的抗风能力。

拓展介绍：

- 花语：姹紫嫣红、孤傲非凡。

长柄银叶树

Heritiera angustata Pierre

别名：**白楠、白符公、大叶银叶树**

科属：**锦葵科银叶树属**

性状：常绿乔木，高达 12 米，有板状根。叶革质，矩圆状披针形，全缘，叶背被银白色或略带金黄色的鳞秕；托叶条状披针形，早落。圆锥花序顶生或腋生，花红色；萼坛状，两面均被星状柔毛，裂片三角形。果为核果状，坚硬，椭圆形，褐色，顶端有长翅；种子卵圆形。花期：6~11 月。

分布：生长于粤海校区友谊林内。我国华南和西南地区有分布。亚洲多国有分布。

用途：园林风景树。

重瓣木芙蓉

Hibiscus mutabilis L. f. *plenus* (Andrews) S. Y. Hu

科属：**锦葵科木槿属**

性状：落叶灌木或小乔木，高 2~5 米。小枝被细绵毛。叶宽卵形至圆卵形或心形，先端渐尖；托叶披针形，常早落。花瓣圆形，重瓣，花初开时白色或淡红色，后变深红色。蒴果扁球形，被淡黄色刚毛和绵毛，果爿 5；种子肾形，背面被长柔毛。花期：8~10 月。

分布：我国各地均有栽培。日本和东南亚各国也有栽培。

用途：园林观赏植物；花叶供药用，有清肺、凉血、散热和解毒之功效。

扩展介绍：

- 花语：纤细之美，贞操，纯洁。
- 成都市市花。

朱槿

Hibiscus rosa-sinensis L.

别名：**扶桑、佛槿、中国蔷薇**

科属：**锦葵科木槿属**

性状：常绿灌木，高 1~3 米。叶阔卵形或狭卵形，先端渐尖，基部圆形或楔形，边缘具粗齿或缺刻。花单生于上部叶腋间，常下垂，花冠漏斗形，玫瑰红或淡红、淡黄等色，花瓣倒卵形，先端圆，外面疏被柔毛。蒴果卵形，平滑无毛，有喙。花期：全年。

分布：校园内常见栽培。我国华东、华南、西南地区有栽培。

用途：常见木本观赏花卉，园艺品种较多；药用。

轻木

Ochroma lagopus Swartz

别名：**百色木**

科属：**锦葵科轻木属**

性状：常绿乔木，可达16~18米。叶片心状卵圆形，叶背多少被星状柔毛，托叶明显，早落。花单生近枝顶叶腋，直立，花梗和花萼均被褐色星状毛；萼筒厚革质，花瓣匙形，白色，无毛。蒴果圆柱形，内面有绵状簇毛，种子多数，淡红色或咖啡色，疏被青色丝状绵毛。花期：3~4月。

分布：原产美洲热带。现热带亚热带地区有引种。

用途：轻木是世界上最轻的商品用材，是多种轻型结构物的重要材料。

瓜栗

Pachira aquatica Aublet

别名：**发财树**

科属：**锦葵科瓜栗属**

性状：小乔木，高 4~5 米。小叶长圆形，渐尖，基部楔形，全缘，叶背及叶柄被锈色星状茸毛。花梗粗壮，被黄色星状茸毛；萼杯状，疏被星状柔毛，花瓣淡黄绿色，狭披针形，上半部反卷。蒴果近梨形，内面密被长绵毛。种子大，表皮暗褐色，有白色螺纹。花期：5~11 月。

分布：校园内常见。原产地墨西哥至哥斯达黎加。我国华南和西南地区有栽培。

用途：观叶植物；幼苗可加工成各种艺术造型的桩景和盆景；果皮未熟时可食，种子可炒食。

翻白叶树

Pterospermum heterophyllum Hance.

别名：**半枫荷、异叶翅子木**

科属：**锦葵科翅子树属**

性状：乔木，高达 20 米；树皮灰色或灰褐色；小枝被黄褐色短柔毛。叶二型，生于幼树或萌蘖枝上的叶盾形，叶柄皆被毛。花单生或为腋生的聚伞花序；小苞片鳞片状；花青白色；萼片条形，两面均被柔毛；花瓣倒披针形，与萼片等长。蒴果木质，矩圆状卵形，被黄褐色绒毛；种子具膜质翅。花期：秋季。

分布：校园多植为行道树。我国华东和华南地区有分布。

用途：树皮纤维可制麻袋等；根可供药用，广东通称半枫荷；树干通直，叶片两面异色，为优良的庭院树。

假苹婆

Sterculia lanceolata Cav.

别名：鸡冠木、赛苹婆

科属：锦葵科苹婆属

性状：乔木。叶具柄，椭圆状矩圆形，先端尖而基部钝。圆锥花序分枝多；花淡红色，萼片五裂几达基部，外被小柔毛；雄花：雌雄蕊柄弯曲；雌花：子房球状，多毛，花柱柱头微小五裂。蓇葖果，矩圆形，鲜红色；种子亮黑色。花期：4~6 月。

分布：生长在粤海校区演会中心周边。我国华南、西南地区，中南半岛各国有分布。

用途：其茎皮纤维可用于制作麻袋和纸；种子能榨油并可直接食用。

苹婆

Sterculia monosperma Ventenat

别名：**凤眼果、七姐果**

科属：**锦葵科苹婆属**

性状：常绿乔木，树皮褐黑色。叶薄革质，矩圆形或椭圆形。圆锥花序顶生或腋生，柔弱且披散，有短柔毛；花梗远比花长；萼初时乳白色，后转为淡红色，钟状，裂片条状披针形，与钟状萼筒等长。蓇葖果鲜红色，厚革质，矩圆状卵形，顶端有喙；种子椭圆形或矩圆形，黑褐色。花期：4~5 月。

分布：生长于粤海校区教工区。我国华东和华南地区有分布。

用途：食用；药用；园林中常用作风景树和行道树。

扩展介绍：

- 花语：一切随缘。

瑞香科 Thymelaeaceae

落叶或常绿灌木或小乔木，稀草本。单叶互生或对生，无托叶。花辐射对称，两性或单性，雌雄同株或异株，头状、穗状、总状、圆锥或伞形花序，有时单生或簇生，顶生或腋生；萼片4~5；子房上位，1室，稀2室，每室有悬垂胚珠1颗，稀2~3颗。浆果、核果或坚果，稀为2瓣开裂的蒴果；种子下垂或倒生。

土沉香

Aquilaria sinensis (Lour.) Spreng.

别名：**香材、白木香、牙香树**

科属：**瑞香科沉香属**

性状：乔木，高5~15米。叶革质，圆形、椭圆形至长圆形，有时近倒卵形，先端锐尖或急尖而具短尖头，基部宽楔形，叶面暗绿色或紫绿色，光亮。伞形花序；花瓣鳞片状，着生于花萼筒喉部，密被毛；蒴果卵球形，幼时绿色，顶端具短尖头，基部渐狭，密被黄色短柔毛。种子卵球形，褐色，疏被柔毛。

分布：我国华东、华南地区有分布。

用途：土沉香老茎受伤后所积得的树脂，俗称沉香，可作香料原料，并为治胃病特效药；树皮纤维可做高级纸原料及人造棉；木质部可提取芳香油；花可制浸膏。

拓展介绍：

- 国家Ⅱ级重点保护野生植物。沉香是中国悠久历史文化的产物，早在唐代朝堂设香案，王公大臣常定期“斗香”，皇帝也会赐香药与后妃、公主，并将沉香作为珍贵的供佛宝物。
- 见于学校粤海校区，为澳大利亚维多利亚理工大学于1991年2月21日种植的纪念树。

山柑科 Capparaceae

草本，灌木或乔木，常为木质藤本。叶互生，单叶或掌状复叶。花序为总状、伞房状、亚伞形或圆锥花序；花两性，辐射对称或两侧对称，常有苞片，但常早落；萼片 4~8；花瓣 4~8，常为 4 片；雄蕊 (4~)6 至多数；雌蕊由 2(~8) 心皮组成；胚珠常多数，珠被 2 层。种子 1 至多数。

鱼木

Crateva religiosa G. Forster

别名：**虎王、台湾三脚鳖、树头菜**

科属：**山柑科鱼木属**

性状：灌木或乔木，高 2~20 米，小枝有稍栓质化的纵皱肋纹。小叶干后淡灰绿色至淡褐绿色，质地薄而坚实，不易破碎，侧生小叶基部两侧很不对称，花枝上的小叶有急尖的尖头，干后淡红色，叶柄干后褐色至浅黑色，腺体明显，营养枝上的小叶略大。花序顶生。果球形至椭圆形，红色。花期：6~7 月；果期：10~11 月。

分布：我国华东、华南和西南地区有分布。

用途：绿化；木材为乐器、细工用材；果含生物碱，可作胶粘剂；果皮为染料；药用。

扩展介绍：

- 它的枝干质轻耐用，是古代钓鱼用浮标最好的材料，所以取名鱼木。

白花菜科 Cleomaceae

草本，灌木或乔木，具单叶或掌状复叶，多为互生。花排成总状或圆锥花序，常两性，辐射对称，苞片常早落；萼片常为4片，排成2轮；花瓣常为4片，与萼片互生，分离；花托扁平或圆锥形，或常延伸成或长或短的雌雄蕊柄，常有各式腺体；雄蕊4～6至多数，着生在花托上或着生在雌雄蕊柄顶端；雌蕊由2～8心皮组成，常有雌蕊柄；子房上位，侧膜胎座；胚珠多数，弯生。果为浆果或半裂蒴果；种子1至多数。

醉蝶花

Cleome spinosa Jacq.

别名：**西洋白花菜、紫龙须**

科属：**白花菜科醉蝶花属**

性状：一年生草本，高1~1.5米。全株被黏质腺毛，有特殊臭味，有托叶刺。掌状复叶，小叶椭圆状披针形或倒披针形，基部锲形，狭延成小叶柄，与叶柄相连接处稍呈蹼状，皮刺淡黄色。总状花序顶生；花蕾圆筒形；花萼片长圆状椭圆形；花瓣粉红色，倒卵伏匙形。蒴果圆柱形。种子表面近平滑或有小疣状凸起，不具假种皮。花期：初夏；果期：夏末秋初。

分布：原产热带美洲，现全球热带至温带常见栽培。

用途：全草入药有祛风散寒、杀虫止痒之效。

拓展介绍：

- 花语：神秘。

苋科 Amaranthaceae

一年或多年生草本，少数攀缘藤本或灌木。叶互生或对生，全缘，少数有微齿，无托叶。花小，两性或单性同株或异株，或杂性，花簇生在叶腋内；花被片 3~5，干膜质，覆瓦状排列，常和果实同脱落。果实为胞果或小坚果，少数为浆果，果皮薄膜质。种子 1 个或多数，凸镜状或近肾形，光滑或有小疣点。

千日红

Gomphrena globosa L.

别名：**百日红、火球花**

科属：**苋科千日红属**

性状：直立草本，高 20~60 厘米。茎直立粗壮，分枝具灰色糙伏毛。叶倒卵形，纸质，长白色毛和具缘毛。顶生三叶草样球状花序，浅紫色或白色；总苞 2 枚，叶状；花基部有膜质卵形苞片 1 枚，先端紫红色；小苞片三角形披针形，紫红色；花被片，披针形，外面密被白色绵毛。胞果近球形。种子肾形，棕色有光泽。花果期：6~9 月。

分布：我国各地区均有栽培。

用途：优良园林观赏花卉；花序入药，有止咳平喘、清肝明目、解毒之功效。

扩展介绍：

- 花语：不灭的爱。

紫茉莉科 Nyctaginaceae

草本、灌木或乔木，有时为具刺藤状灌木。单叶，对生、互生或假轮生，全缘，具柄，无托叶。花辐射对称，两性，稀单性或杂性；花被单层，常为花冠状，圆筒形或漏斗状，有时钟形，下部合生成管。瘦果状掺花果包在宿存花被内，有棱或槽，有时具翅，常具腺；种子有胚乳。

叶子花

Bougainvillea glabra Choisy

别名：**簕杜鹃、小叶九重葛、紫三角**

科属：**紫茉莉科叶子花属**

性状：藤状灌木。茎粗壮，枝下垂；刺腋生，叶片纸质，卵形或卵状披针形，叶面无毛，叶背被微柔毛。苞片内花梗与苞片中脉贴生，每个苞片上生一朵花；苞片叶状，紫色或洋红色；花被管淡绿色，疏生柔毛，有棱，顶端浅裂。

分布：原产地巴西。我国南方地区广泛栽培。

用途：观赏；花可入药。

拓展介绍：

- 深圳市市花。

马齿苋科 Portulacaceae

一年生或多年生草本，稀半灌木。单叶，互生或对生，全缘，常肉质。花两性；萼片2，分离或基部连合；花瓣4~5片，覆瓦状排列，分离或基部稍连合，常有鲜艳色。蒴果近膜质，盖裂或2~3瓣裂，稀为坚果；种子肾形或球形，多数，稀为2颗。

大花马齿苋

Portulaca grandiflora Hook.

别名：**半支莲、松叶牡丹、龙须牡丹**

科属：**马齿苋科马齿苋属**

性状：一年生草本，高10~30厘米。茎平卧或斜升，紫红色，多分枝，节上丛生毛。叶密集枝端，不规则互生，叶片细圆柱形，顶端圆钝，无毛。花单生或数朵簇生枝端；花瓣倒卵形，顶端微凹，红色、紫色或黄白色。蒴果近椭圆形，盖裂；种子细小，多数，圆肾形，铅灰色或偏黑，有珍珠光泽。花期：6~9月；果期：8~11月。

分布：校内常栽培作地被植物。原产巴西。

用途：观赏；药用。

仙人掌科 Cactaceae

多年生肉质草本、灌木或乔木。茎直立，节常缢缩。叶扁平，全缘或圆柱状、针状、钻形至圆锥状，或完全退化。花常单生，两性花，稀单性花，辐射对称或左右对称；雄蕊多数；雌蕊由3至多数心皮合生而成；子房通常下位，1室，具3至多数侧膜胎座；胚珠多数至少数；种子多数，有时具骨质假种皮和种阜。

昙花

Epiphyllum oxypetalum (Candolle) Haworth

科属：**仙人掌科昙花属**

性状：附生肉质灌木，高2~6米。分枝呈扁平叶状，深绿色，基部楔形，顶端锐尖，边缘具波状圆齿；小窠生于圆齿缺刻处，小形，无刺。晚间开放漏斗状大形白色花，芳香；花托绿色，疏生长披针形鳞片；雄蕊细长多数；花药淡黄色；花丝和花柱白色；柱头线状，黄白色。浆果长圆形，紫红色。种子肾形，亮黑色。花期：6~10月。

分布：原产于拉丁美洲。我国各地常见栽培。

用途：作为观赏植物广泛引进；浆果可食用。

扩展介绍：

- 花语：刹那间的美丽，一瞬间的永恒。

仙人掌

Opuntia dillenii (Ker Gawler) Haworth.

科属：**仙人掌科仙人掌属**

性状：丛生肉质灌木，高 1.5~3 米。端部近圆形，基部楔形，绿色至灰绿色；钻形刺长于疏生突出的小窠，同时密生灰色短棉毛和暗褐色倒刺刚毛。叶钻形，绿色，早落。花呈辐射对称；花托端部大圆并凹陷，绿色；萼状花被片和瓣状花被片都呈椭圆状倒卵形；花丝和花柱淡黄色；花药黄色；柱头黄白色。浆果倒卵形，紫红色。种子不规则圆形，淡黄褐色。花期：6~10 月。

用途：浆果酸甜可食；茎可入药，有行气活血、凉血止血、解毒消肿之功效。

玉蕊科 Lecythidaceae

常绿乔木或灌木。叶螺旋状排列，常丛生枝顶，具羽状脉。花单生、簇生，或组成总状花序、穗状花序或圆锥花序，顶生、腋生，或在老茎、老枝上侧生，两性，辐射对称或左右对称；花瓣通常 4~6，分离或基部合生；雄蕊极多数；子房下位或半下位，2~6 室，稀多室，每室有 1 至多个胚珠，中轴胎座。果实浆果状、核果状或蒴果状；种子 1 至多数。

玉蕊

Barringtonia racemosa (L.)Spreng.

别名：**穗花、棋盘脚树、水茄冬**

科属：**玉蕊科玉蕊属**

性状：常绿乔木，高可达 20 米。叶丛生于枝顶，纸质，倒卵形至倒卵状椭圆形或倒卵状矩圆形，顶端短尖至渐尖，基部钝形，常微心形，边缘有圆齿状小锯齿。总状花序顶生，花芽球形，花辐射状对称；花瓣瓦状排列，椭圆形至卵状披针形。果实卵圆形，内含网状交织纤维束。种子卵形。花期：几乎全年。

用途：树皮纤维可做绳索，木材供建筑；根入药可退热，果实可止咳。

山榄科 Sapotaceae

乔木或灌木。单叶互生，近对生或对生；托叶早落或无。花单生或通常数朵簇生叶腋或老枝上，有时排列成聚伞花序，稀成总状或圆锥花序，两性；萼片通常 4~6，稀至 12，覆瓦状排列，或成 2 轮，基部联合；子房上位，每室 1 侧生下转（肉实树属）或上转胚珠。果为浆果，有时为核果状。种子 1 至数枚。

人心果

Manikara zapota (L.) van Royen

别名：**吴凤柿、赤铁果、奇果**

科属：**山榄科铁线子属**

性状：乔木，高 15~20 米。叶互生，革质，长圆形或卵状椭圆形。花生于枝顶叶腋，花萼裂片长圆状卵形，花冠白色。浆果褐色，纺锤形、卵形或球形，果肉黄褐色。花果期：4~9 月。

分布：生长于粤海校区友谊林内。我国华东、华南、西南地区有分布。亚洲和美洲地区有分布。

用途：褐色浆果可生食，味甜如柿，清甜润肺；树干流出来的乳汁为制口香糖的原料；树皮含有山榄碱，可入药。

柿树科 Ebenaceae

乔木或灌木，常绿或落叶，通常雌雄异株。单叶，互生，全缘。花单性，雌花腋生，单生，雄花常生在小聚伞花序上；萼片合生，宿存，常在花后增大；花瓣合生；雄蕊下位或着生在花冠基部；子房上位，3 室至多室，每室有胚珠 1~2 颗。果为浆果；每室具 1 枚种子。

柿

Diospyros kaki Thunb.

科属：**柿科柿属**

性状：落叶大乔木，高达 10 余米。嫩枝初时有棱。叶纸质，卵状椭圆形至倒卵形或近圆形。花序腋生，聚伞花序；雌雄异株，有时雄株中有少数雌花，雌株中有少数雄花；花萼钟状，裂片卵形。果形有球形，扁球形，球形而略呈方形，卵形等，嫩时绿色，后变黄色或橙黄色；种子数颗，褐色，椭圆状。花期：5~6 月；果期：9~10 月。

分布：原产我国长江流域，现世界各地有栽培。

用途：可食用；也可药用；其木材可作纺织材料、家具、箱盒、装饰用材和乐器材料等。

山茶科 Theaceae

乔木或灌木。叶革质，常绿或半常绿，互生，羽状脉，全缘或有锯齿。花两性，单生或数花簇生；萼片 5 至多片，脱落或宿存；花瓣 5 至多片，基部连生；雄蕊多数，子房上位，稀半下位，2~10 室；胚珠每室 2 至多数，垂生或侧面着生于中轴胎座。果为蒴果，种子圆形，多角形或扁平，有时具翅。

越南抱茎茶

Camellia amplexicaulis (Pitard) Cohen-Stuart

科属：**山茶科山茶属**

性状：灌木，高达 3 米。嫩枝紫褐色，无毛。叶革质，长圆形或长圆状披针，先端稍窄而钝，有时略尖，基部耳状抱茎，边缘疏生细锯齿。花紫红色，单生或簇生于枝顶或叶腋，花瓣基部与雄蕊群贴生。果椭圆形，有 3 个明显纵裂沟。花期：夏秋季。

用途：优良的园林风景树。

红皮糙果茶

Camellia crapnelliana Tutcher

科属：**山茶科山茶属**

性状：常绿小乔木，高 5~7 米。树皮红色，平滑；嫩枝无毛。叶革质，椭圆形，边缘有细锯齿。花较大，白色，顶生单生。蒴果较大，球形，红褐色，果皮粗糙，且十分坚硬。

分布：我国南方地区有分布。

用途：种子含油丰富，是很有价值的观赏植物和油料植物。

拓展介绍：

- 因森林砍伐和破坏，现已列入国家Ⅱ级重点保护野生植物。

金花茶

Camellia petelotii (Merrill) Sealy

科属：**山茶科山茶属**

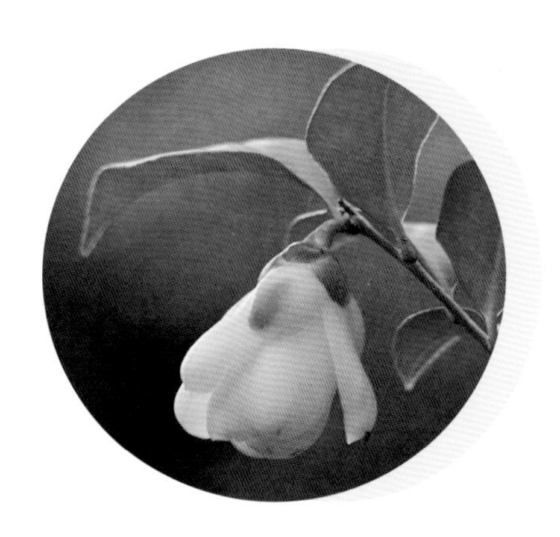

性状：灌木，高 2~3 米，嫩枝无毛。叶革质，长圆形，先端尾状渐尖，基部楔形，有黑腺点，边缘有细锯齿。花黄色，腋生，单独，花瓣近圆形。蒴果扁三角球形。花期：11~12 月。

分布：生长于粤海校区友谊林内。我国华南地区有分布。

用途：金花茶有极高药用价值，具有明显的降血糖和尿糖作用。

扩展介绍：

● 金花茶因其稀有和名贵的金黄花色被誉为“茶族皇后”和“植物界的大熊猫”，具有较高的观赏价值和经济价值，为国家Ⅰ级重点保护野生植物。2002 年，金花茶被防城港市确定为市花。

杜鹃花科 Ericaceae

木本植物，灌木或乔木，株形小至大；地生或附生。叶革质，少有纸质，互生，极少假轮生，稀交互对生，被各式毛或鳞片，或无覆被物。花萼4~5裂，宿存，有时花后肉质；花瓣合生成钟状、坛状、漏斗状或高脚碟状，稀离生。蒴果或浆果，少有浆果状蒴果；种子小，粒状或锯屑状，无翅或有狭翅，或两端具伸长的尾状附属物。

吊钟花

Enkianthus quinqueflorus Lour.

别名：**铃儿花、白鸡烂树、山连召**

科属：**杜鹃花科吊钟花属**

性状：灌木或小乔木，通常高1~3米。多分枝，枝圆柱状，无毛。叶互生，革质，两面无毛，呈长圆形或倒卵状长圆形；叶柄圆柱形，灰黄色。伞房花序，苞片长圆状椭圆形、匙形或线状披针形，膜质；花梗绿色，无毛；花萼5裂，裂片三角状披针形；花冠粉红色、红色或白色，宽钟状；雄蕊10枚，短于花冠，花丝扁平，白色，被柔毛，花药黄色；子房卵圆形，无毛，花柱无毛。蒴果椭圆形，淡黄色，具5棱；果梗直立，粗壮，绿色，无毛。花期：3~5月；果期：5~7月。

分布：我国华中、华东、华南、华西地区有分布。越南亦有分布。

用途：观赏花卉。

锦绣杜鹃

Rhododendron pulchrum Sweet

别名：**杜鹃花、山踯躅、山石榴**

科属：**杜鹃花科杜鹃属**

性状：落叶灌木，高 2~5 米。叶革质，常集生枝端，卵形。花朵簇生枝顶；花萼裂片三角状长卵形，被糙伏毛，边缘具睫毛；花冠阔漏斗形，玫瑰色、鲜红色或暗红色，倒卵形，上部裂片具深红色斑点。蒴果卵球形，密被糙伏毛。花期：4~5 月；果期：6~8 月。

分布：校园中常见栽培。我国华东、华南、华中、西南地区均有分布。

用途：全株药用；花冠鲜红色，为著名的观赏花卉。

茜草科 Rubiaceae

乔木、灌木或草本，有时为藤本，少数为具肥大块茎的适蚁植物。叶对生或有时轮生，有时具不等叶性，通常全缘，极少有齿缺。花两性、单性或杂性，通常花柱异长。浆果、蒴果或核果，或干燥而不开裂，或为分果，有时为双果爿。种子裸露或嵌于果肉或肉质胎座中，种皮膜质或革质，较少脆壳质，极少骨质。广布全世界的热带和亚热带，少数分布至北温带。

栀子花

Gardenia jasminoides Ellis

别名：**黄果子、山栀子、越桃、木丹**

科属：**茜草科栀子属**

性状：灌木，高 0.3~3 米。枝圆柱形，嫩枝常被短毛，灰色。叶对生，革质，稀为纸质，叶形多为长圆状披针形，顶端渐尖、骤然长渐尖或短尖而钝，基部楔形或短尖。花通常单朵生于枝顶；萼管倒圆锥形或卵形。果卵形、近球形、椭圆形或长圆形，黄色或橙红色；种子多数，扁，近圆形而稍有棱角。花期：3~7 月；果期：5 月至翌年 2 月。

分布：产我国华东、华中、华南、西南及香港、台湾地区。东亚、东南亚、南亚、太平洋岛屿和美洲北部有分布。

用途：广植于庭园供观赏；果、叶、花、根均可作药用；亦可提取栀子黄色素，是优良的天然食品色素。

扩展介绍：

- 花语：喜悦；永恒的爱与约定。
- 《本草纲目》称其“悦颜色，《千金翼》面膏用之。”《滇南本草》称其“泻肺火，止肺热咳嗽，止鼻衄血，消痰。”

龙船花

Ixora chinensis Lam.

别名：**卖子木、山丹、英丹**

科属：**茜草科龙船花属**

性状：灌木，高 0.8~2 米。叶对生，有时成 4 枚轮生，披针形至长圆状倒披针形，顶端钝或圆形，基部短尖或圆形。花序顶生，多花；总花梗与分枝均呈红色，基部常有小型叶承托；苞片和小苞片微小；花冠红色或红黄色，裂片倒卵形或近圆形。果近球形，双生，成熟时红黑色；种子上凸下凹。花期：5~7 月。

分布：我国华东和华南地区有分布。亚洲各国有分布。

用途：花色鲜红而美丽，花期长，具有较高的观赏价值。

九节

Psychotria rubra (Lour.) Poir.

别名：**山打大刀、大丹叶、暗山公**

科属：**茜草科九节属**

性状：灌木或小乔木，高 0.5~5 米。叶对生，纸质或革质，长圆形、椭圆状长圆形或稀长圆状倒卵形。聚伞花序常顶生，无毛或极稀有极短的柔毛，多花，萼管杯状，檐部扩大，近截平或不明显地有齿裂；花冠白色，喉部被白色长柔毛，花冠裂片近三角形，开放时反折。核果球形或宽椭圆形，有纵棱，红色；小核背面凸起，具纵棱，腹面平而光滑。花果期：全年。

分布：生长于粤海校区杜鹃山上。我国华东、华南、华中、西南地区有分布。亚洲各国有分布。

用途：嫩枝、叶、根可作药用，可清热解毒、消肿拔毒、祛风除湿。止鼻衄血，消痰。

马钱科 Loganiaceae

乔木、灌木、藤本或草本。单叶对生或轮生，稀互生；托叶存在或缺。花通常两性，辐射对称，单生或孪生，或组成 2~3 歧聚伞花序，再排成圆锥花序、伞形花序或伞房花序、总状或穗状花序，有时也密集成头状花序或为无梗的花束；花萼 4~5 裂；合瓣花冠，4~5 裂，少数 8~16 裂；子房上位，稀半下位，通常 2 室，稀为 1 室或 3~4 室，胚珠每室多颗，稀 1 颗。果为蒴果、浆果或核果；种子通常小而扁平或椭圆状球形，有时具翅。

灰莉

Fagraea ceilanica Thunb.

别名：**鲤鱼胆、灰刺木、箐黄果**

科属：**马钱科灰莉属**

性状：常绿乔木，高可达 15 米。叶片稍肉质，干后变纸质或近革质，椭圆形、卵形、倒卵形或长圆形，顶端渐尖、急尖或圆而有小尖头，基部楔形或宽楔形。花单生或组成顶生二歧聚伞花序；花冠漏斗状，白色，芳香，质薄，稍带肉质。种子椭圆状肾形。花期：4~8 月；果期：7 月至翌年 3 月。

分布：校园内常见栽培。广布于我国华东、华南和西南地区。亚洲各国也有分布。

用途：花大形，芳香，为庭园观赏植物。

扩展介绍：

- 花语：朴素自然，清净纯洁。

夹竹桃科 Apocynaceae

乔木，直立灌木或木质藤木，也有多年生草本；具乳汁或水液。单叶对生、轮生，稀互生；通常无托叶或退化成腺体，稀有假托叶。花单生或多杂组成聚伞花序，顶生或腋生；花萼裂片5枚，稀4枚；子房上位，稀半下位，1~2室，或为2枚离生或合生心皮所组成；胚珠1至多颗。果为浆果、核果、蒴果或蓇葖；种子通常一端被毛，稀两端被毛或仅有膜翅或毛翅均缺。

软枝黄蝉

Allamanda cathartica L.

别名：**黄莺、小黄蝉、重瓣黄蝉、软枝花蝉**

科属：**夹竹桃科黄蝉属**

性状：藤状灌木，长达4米。叶纸质，通常轮生，有时对生或在枝上部互生，全缘，倒卵形或倒卵状披针形，端部短尖，基部楔形。聚伞花序顶生。花冠橙黄色，大型，内面具红褐色的脉纹，基部不膨大。花冠下部长圆筒状，花冠筒喉部具白色斑点，广展，顶端圆形。种子扁平，边缘膜质或具翅。花期：春夏两季；果期：冬季。

分布：校园内常见栽培。原产巴西。现广泛栽培于全世界热带亚热带地区。

用途：观赏。

扩展介绍：

- 植株乳汁、树皮和种子有毒，人畜误食会引起腹痛、腹泻。

糖胶树

Alstonia scholaris (L.) R. Brown

别名：**灯架树、鹰爪木、象皮木、面条树**

科属：**夹竹桃科鸡骨常山属**

性状：乔木；枝轮生，具乳汁。叶轮生，倒卵状长圆形、倒披针形或匙形，无毛；侧脉密生而平行，近水平横出至叶缘联结。花白色，多朵组成稠密的聚伞花序，顶生，被柔毛；花冠高脚碟状，花冠筒中部以上膨大，内面被柔毛。外果皮近革质，灰白色；种子长圆形，红棕色，两端被红棕色长缘毛。花期：6~11 月；果期：10 月至翌年 4 月。

分布：产我国华南、西南等地。中南亚亦有分布。

用途：可供药用和观赏。

扩展介绍：

● 其乳汁可用于提制口香糖原料，故而得名。

深圳大学
继续教育学院

马利筋

Asclepias curassavica L.

别名：**金凤花、尖尾凤、莲生桂子花、芳草花**
科属：**夹竹桃科马利筋属**

性状：多年生直立草本，高达 80 厘米。全株有白色乳汁，茎淡灰色。叶对生或 3 叶轮生，披针形至椭圆状披针形。聚伞花序顶生或腋生；花萼裂片披针形；花冠紫红色，裂片长圆形，反折；副花冠生于合蕊冠上，黄色匙形，内有舌状片；花粉块长圆形，下垂，着粉腺紫红色。蓇葖果长圆形，具长喙。种子卵圆形，顶端具白色绢质种毛。花期：几乎全年；果期：8~12 月。

分布：原产拉丁美洲的西印度群岛，现广植于世界各热带及亚热带地区。

用途：全株有毒，尤以乳汁毒性较强，含强心苷，可作药用。

海杧果

Cerbera manghas L.

别名：**黄金茄、牛金茄、牛心荔、黄金调**
科属：**夹竹桃科海杧果属**

性状：乔木，高4~8米，全株具丰富乳汁。叶厚纸质，倒卵状长圆形或披针形，稀长圆形，顶端钝或短渐尖，基部楔形。花白色，芳香，花冠筒圆筒形，上部膨大，下部缩小，外面黄绿色，喉部染红色。核果双生或单个，阔卵形或球形，顶端钝或急尖，外果皮纤维质或木质，未成熟时绿色，成熟时橙黄色。花期：3~10月；果期：7月至翌年4月。

分布：我国华东和华南地区有分布。亚洲和大洋洲有分布。

用途：树皮、叶、乳汁能制药剂，有催吐、下泻、堕胎之功效，但用量需慎重，多服会致死；喜生于海边，是一种较好的防潮树种。

夹竹桃

Nerium oleander L.

别名：**红花夹竹桃、柳叶桃树、洋桃**

科属：**夹竹桃科夹竹桃属**

性状：常绿直立乔木，高达 5 米。叶轮生，窄披针形，顶端急尖，基部楔形，叶缘反卷。聚伞花序顶生。花冠深红色或粉红色。种子长圆形，基部较窄，顶端钝、褐色，种皮被锈色短柔毛，顶端具黄褐色绢质种毛。花期：几乎全年，夏秋季为最盛；果期：一般在冬春季，栽培很少结果。

分布：学校常见栽培。世界各地常见栽培。

用途：园艺栽培品种较多，花大、艳丽、花期长，常栽作观赏；茎皮纤维为优良混纺原料；种子可榨油供制润滑油；叶、茎皮可提制强心剂，但有毒，用时需慎重。

扩展介绍：

- 黄廷法《浮生拾慧》有云："夹竹桃，假竹桃也，其叶似竹，其花似桃，实又非竹非桃，故名。"

鸡蛋花

Plumeria rubra L. cv. Acutifolia

别名：**缅栀子、大季花、鸭脚木**

科属：**夹竹桃科鸡蛋花属**

性状：落叶小乔木，高达 8 米。叶聚生于枝顶，厚纸质，长圆状倒披针形或长椭圆形。聚伞花序顶生；花冠外面白色，花冠筒外面及裂片外面左边略带淡红色斑纹，花冠内面黄色，筒状。种子斜长圆形，扁平。花期：5~10 月；果期：7~12 月。

分布：校园内常见栽培。原产南美洲。现广植于亚洲热带及亚热带地区。

用途：常栽作观赏；花、树皮药用；鲜花含芳香油，可作化妆品或高级香精原料。

扩展介绍：

● 在我国西双版纳以及东南亚一些国家，鸡蛋花被佛教寺院定为“五树六花”之一而被广泛栽植，故又名“庙树”或“塔树”。

木犀科 Oleaceae

乔木，直立或藤状灌木。叶对生，稀互生或轮生，单叶、三出复叶或羽状复叶，稀羽状分裂，全缘或具齿；具叶柄，无托叶。花辐射对称，两性，稀单性或杂性，雌雄同株、异株或杂性异株。果为翅果、蒴果、核果、浆果或浆果状核果；种子具1枚伸直的胚；具胚乳或无胚乳；子叶扁平；胚根向下或向上。广布于两半球的热带和温带地区，亚洲地区种类尤为丰富。

茉莉花

Jasminum sambac (L.) Ait.

别名：**茉莉**

科属：**木犀科素馨属**

性状：直立或攀缘灌木，高达3米。小枝圆柱形或稍压扁状，有时中空，疏被柔毛。叶对生，单叶，叶片纸质，圆形、卵状椭圆形或倒卵形，两端圆或钝，除叶背脉腋间常具簇毛外，其余无毛。聚伞花序顶生，通常有花3朵，有时单花或多达5朵。花极芳香，花冠白色，裂片长圆形至近圆形，先端圆或钝。果球形，呈紫黑色。花期：5~8月；果期：7~9月。

分布：中国南方和世界各地广泛栽培。

用途：为著名的花茶原料及重要的香精原料；常见庭园及盆栽观赏芳香花卉；花、叶药用。

扩展介绍：

- 相关歌曲：《好一朵美丽的茉莉花》《亲亲茉莉花》《茉莉雨》。
- 茉莉花茶是福州市的特产，是用特种工艺造型茶或经过精制后的绿茶茶坯与茉莉鲜花制成的茶叶品种。

玄参科 Scrophulariaceae

乔木，直立或藤状灌木。叶对生，稀互生或轮生，单叶、三出复叶或羽状复叶，稀羽状分裂，全缘或具齿；具叶柄，无托叶。花辐射对称，两性，稀单性或杂性，雌雄同株、异株或杂性异株。果为翅果、蒴果、核果、浆果或浆果状核果；种子具 1 枚伸直的胚；具胚乳或无胚乳；子叶扁平；胚根向下或向上。广布于两半球的热带和温带地区，亚洲地区种类尤为丰富。

炮仗竹

Russelia equisetiformis Schltdl. et Cham.

科属：**玄参科炮仗竹属**

性状：多年生草本，高 1~2 米。茎绿色，细长下垂，轮生，具纵棱。叶小，对生或轮生，退化成披针形的小鳞片。聚伞圆锥花序；花红色，顶生；花冠长筒状。花期：春、夏、秋三季。

用途：观赏植物。

紫葳科 Bignonaceae

乔木、灌木或木质藤本，稀为草本；常具有各式卷须及气生根。叶对生、互生或轮生，单叶或羽叶复叶，稀掌状复叶；顶生小叶或叶轴有时呈卷须状。花两性，左右对称，通常大而美丽，组成顶生、腋生的聚伞花序、圆锥花序或总状花序或总状式簇生。蒴果，室间或室背开裂，形状各异，光滑或具刺，通常下垂，稀为肉质不开裂。种子通常具翅或两端有束毛。广布于热带、亚热带，少数种类延伸到温带。

蓝花楹

Jacaranda mimosifolia D. Don

别名：**蓝雾树、巴西紫葳、紫云木**

科属：**紫葳科蓝花楹属**

性状：落叶乔木，高 7~15 米。叶对生，偶数羽状复叶，小叶椭圆状披针形至椭圆状菱形，顶端急尖，基部楔形，全缘。圆锥花序顶生；花蓝色；花萼筒状；花冠筒细长，蓝色。蒴果木质，扁卵圆形，不平展。花期：5~6 月。

分布：生长在丽湖校区教工餐厅前面。原产南美洲。热带亚热带地区广泛栽作行道树。

用途：观叶、观花树种；木材黄白色至灰色质软而轻，可作家具用材，也可用于造纸。

拓展介绍：

- 花语：宁静、深远、忧郁，在绝望中等待爱情。

吊瓜树

Kigelia africana (Lam.) Benth.

别名：腊肠树、香肠树

科属：紫葳科吊灯树属

性状：乔木，高 13~20 米。奇数羽状复叶交互对生或轮生，小叶长圆形或倒卵形，顶端急尖，基部楔形，全缘，叶面光滑，羽状脉明显。圆锥花序生于小枝顶端，花序轴下垂。花萼钟状，革质。花冠橘黄色或褐红色，裂片卵圆形，开展，花冠筒外面具凸起纵肋。果下垂，圆柱形，坚硬，肥硕，不开裂。种子多数，无翅。

分布：生长于粤海校区友谊林内。原产热带美洲。我国华东、华南和西南地区均有栽培。

用途：为优美园林树种，供观赏；果肉可食；树皮入药可治皮肤病。

扩展介绍：

● 86 版《西游记》中，孙悟空偷吃的人参果，就是以万石植物园种植的吊灯树为原型，将硕大的果子换成了金闪闪的“人参果”。

● 粤海校区友谊林内的吊灯树分别为韩国大田大学代表团于 1992 年 12 月、澳大利亚科延理工大学代表团于 1993 年 12 月种植的纪念树。

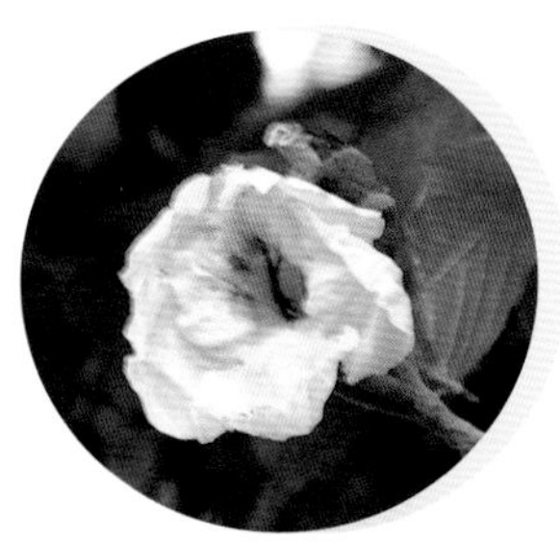

猫尾木

Markhamia stipulata (Wall.) Seem. var. *kerrii* Sprague

别名：**猫尾**

科属：**紫葳科猫尾木属**

性状：乔木，高达10米以上。叶近于对生，奇数羽状复叶；小叶无柄，长椭圆形或卵形，全缘纸质。花大，组成顶生总状花序。花萼与花序轴密被褐色绒毛，顶端有黑色小瘤体数个。花冠黄色，漏斗形，下部紫色。蒴果极长，悬垂，密被褐黄色绒毛。种子长椭圆形，极薄，具膜质翅。花期：10~11月；果期：4~6月。

分布：我国华东、华南和西南地区有分布。亚洲多国有分布。

用途：庭园观赏；木材适用于梁、柱、门、窗、家具等。

火烧花

Mayodendron igneum (Kurz) Kurz

别名：**缅木**

科属：**紫葳科火烧花属**

性状：常绿乔木，高可达 15 米。大型奇数二回羽状复叶，中轴圆柱形，有沟纹；小叶卵形至卵状披针形，顶端长渐尖，基部阔楔形，偏斜，全缘，两面无毛。总状花序着生于老茎或侧枝上，花冠橙黄色至金黄色，筒状，基部微收缩。蒴果长线形，下垂。花期：2~5 月；果期：5~9 月。

分布：我国华东、华南和西南地区有分布。亚洲多国有分布。

用途：花可作蔬食；可栽培作庭园观赏树及行道树。

扩展介绍：

- 火烧花一般先开花，后发叶，属典型的老茎生花。
- 在西双版纳地区，几乎每个民族都食用火烧花，可炒吃、煮汤。

火焰树

Spathodea campanulata Beauv.

别名：苞萼木

科属：紫葳科火焰树属

性状：常绿乔木，高达 20 米。奇数羽状复叶，小叶卵状披针形或长椭圆形，背部近中脉处有 2~3 枚黄色腺体，全缘。伞房状总状花序顶生，密集；花萼佛焰苞状；花冠呈钟状，亮橘红色，边缘金黄色。蒴果长条形，黑褐色。种子具周翅，近圆形。花期：4~5 月。

分布：生长在粤海校区汇文楼大门口。原产非洲。

用途：入药有清热解毒、活血止血之效。

创造美满生活。
构建和谐校园。
匠人之心做教育
跨界思维学艺术
H2 H1

紫绣球

Tabebuia rosea (Bertol.) A. DC.

科属：**紫葳科钟花树属**

性状：常绿乔木，高 15 米。掌状复叶对生，小叶长圆形。伞房花序顶生，小花多数聚生成团，花冠玫瑰红色或淡粉紫色，花团锦簇，极为壮观。花期：春季。

分布：原产中、南美洲。我国华南地区有栽培。

用途：观赏植物。

马鞭草科 Verbenaceae

灌木或乔木，有时为藤本，极少数为草本。叶对生，很少轮生或互生，单叶或掌状复叶，很少羽状复叶；无托叶。花序顶生或腋生，多数为聚伞、总状、穗状、伞房状聚伞或圆锥花序。果实为核果、蒴果或浆果状核果。种子通常无胚乳，胚直立。主要分布于热带和亚热带地区，少数延至温带。

赪桐

Clerodendrum japonicum (Tunb.) Sweet

科属：**马鞭草科大青属**

性状：常绿攀缘植物。茎木质。叶对生，长椭圆形，侧脉明显下凹。花红色至橙红色，繁密而艳丽。花期：12 月至翌年 1 月。

分布：生长于粤海校区杜鹃山上。我国华东、华南、华中和西南地区有分布。

用途：宜作篱笆绿化。

金叶假连翘

Duranta repens L. 'Golden Leaves'

别名：**黄金叶**

科属：**马鞭草科假连翘属**

性状：常绿灌木。叶对生，少有轮生，叶片卵状椭圆形或卵状披针形，金黄色至黄绿色。总状花序顶生或腋生，常排成圆锥状。花冠通常蓝紫色，5 裂，裂片平展，内外有微毛。核果球形，橙黄色，有光泽。花果期：5~10 月，在南方可为全年。

分布：原产墨西哥和巴西。我国南方广为栽培。

用途：适于种植作绿篱、绿墙、花廊，或攀附于花架上。

蔓马缨丹

Lantana montevidensis Briq.

科属：**马鞭草科马缨丹属**

性状：常绿灌木，株高 0.7~1 米。叶卵形，基部突然变狭，边缘有粗齿。头状花序，具长总花梗。花冠淡紫色，苞片阔卵形，长不超过花冠管的中部。花期：全年。

分布：生长于粤海校区图书馆门前。原产南美洲。我国华东和华南地区有分布。

用途：观赏。

忍冬科 Caprifoliaceae

灌木或木质藤本，有时为小乔木或小灌木，落叶或常绿，很少为多年生草本。茎干有皮孔或否，有时纵裂，木质松软，常有发达的髓部。叶对生，很少轮生，多为单叶，全缘、具齿或有时羽状或掌状分裂，具羽状脉。花两性，极少杂性，聚伞或轮伞花序，或由聚伞花序集合成伞房式或圆锥式复花序。果实为浆果、核果或蒴果，种子具骨质外种皮，平滑或有槽纹，内含胚乳。主要分布于北温带和热带高海拔山地。

忍冬

Lonicera japonica Thunb.

别名：**金银花、金银藤、银藤**

科属：**忍冬科忍冬属**

性状：半常绿藤本；幼枝红褐色，密被黄褐色、开展的硬直糙毛。叶纸质，卵形至矩圆状卵形。花冠白色，唇形，筒稍长于唇瓣，外被多少倒生的开展或半开展糙毛和长腺毛。果实圆形，熟时蓝黑色，有光泽；种子卵圆形或椭圆形，褐色。花期：4~6 月。

分布：生长于粤海校区杜鹃山上。我国广泛分布。亚洲和美洲有分布。

用途：金银花性甘寒，可清热解毒、消炎退肿；茎藤称“忍冬藤”。

海桐花科 Pittosporaceae

常绿乔木或灌木。叶互生或偶为对生。花通常两性，有时杂性，辐射对称，稀为左右对称，除子房外，花的各轮均为 5 数，单生或为伞形花序、伞房花序或圆锥花序，有苞片及小苞片；萼片常分离，或略连合；花瓣分离或连合，白色、黄色、蓝色或红色；子房上位，通常 1 室或不完全 2~5 室。蒴果沿腹缝裂开，或为浆果；种子通常多数。

海桐

Pittosporum tobira (thunb.) Ait

别名：**海桐花、山矾、七里香**

科属：**海桐花科海桐花属**

性状：常绿灌木或小乔木，高达 6 米。叶革质，倒卵形或倒卵状披针形，聚生于枝顶。花芳香，白色转黄色，伞形花序，密被黄褐色柔毛；花瓣倒披针形离生。蒴果圆球形，有棱或呈三角形，多少有毛；种子多数，多角形，红色。

分布：生长于粤海校区海桐斋前。我国华东和华南地区分布。亚洲地区有分布。

用途：花坛造景树；树皮可药用。

五加科 Araliaceae

乔木、灌木或木质藤本，稀多年生草本。叶互生，稀轮生；托叶通常与叶柄基部合生成鞘状，稀无托叶。花整齐，两性或杂性，稀单性异株，聚生为伞形花序、头状花序、总状花序或穗状花序，通常再组成圆锥状复花序；子房下位，2~15 室，稀 1 室或多室至无定数。果实为浆果或核果；种子通常侧扁，胚乳匀一或嚼烂状。

幌伞枫

Heteropanax fragrans (Roxb.) Seem.

别名：**大蛇药、五加通**

科属：**五加科幌伞枫属**

性状：常绿乔木，高 5~30 米。叶大，三至五回羽状复叶，小叶片在羽片轴上对生，纸质，椭圆形，先端短尖，基部楔形，两面均无毛，边缘全缘。圆锥花序顶生，花淡黄白色，花瓣卵形。花期：10~12 月；果期：翌年 2~3 月。

分布：粤海校区有栽培。我国华南和西南地区有分布。亚洲各国有分布。

用途：庭园风景树；根皮入药可治烧伤、疖肿、蛇伤等。

鹅掌柴

Schefflera heptaphylla (L.) Frodin

别名：**鸭脚木、鸭母树**

科属：**五加科鹅掌柴属**

性状：乔木或灌木，高 2~15 米。小叶片纸质至革质，椭圆形、长圆状椭圆形或倒卵状椭圆形，稀椭圆状披针形，先端急尖或短渐尖，稀圆形，基部渐狭，楔形或钝形，边缘全缘。圆锥花序顶生，花白色；花瓣开花时反曲，无毛。果实球形，黑色，有不明显的棱。花期：11~12 月；果期：12 月。

分布：生长在粤海校区杜鹃山上。广布于我国华东、华南、西南等地。亚洲各国也有分布。

用途：为南方冬季的蜜源植物；叶及根皮民间供药用，可治疗流感、跌打损伤等症。

扩展介绍：

- 花语：自然、和谐。

中文名索引

G

H

J

K

L

M

N

P

Q

R

S

T

W

X

Y

Z

学名索引

图书在版编目（CIP）数据

深圳大学校园常见植物图鉴 / 张永夏 , 余少文主编 . -- 北京 : 中国林业出版社 , 2020.11
ISBN 978-7-5219-0917-3

Ⅰ. ①深… Ⅱ . ①张… ②余… Ⅲ . ①深圳大学—植物—图集 Ⅳ . ① Q948.526.53-64

中国版本图书馆 CIP 数据核字 (2020) 第 227066 号

深圳大学校园常见植物图鉴　　　张永夏　余少文　主编

出版发行：中国林业出版社
地　　址：北京西城区德胜门内大街刘海胡同 7 号

策划编辑：王　斌
责任编辑：张　健　刘开运　吴文静　　　装帧设计：百彤文化传播公司

印　　刷：北京雅昌艺术印刷有限公司
开　　本：889 mm × 1194 mm　1/16
印　　张：14.75
字　　数：490 千字
版　　次：2021 年 1 月第 1 版 第 1 次
定　　价：208.00 元